河北省教育厅人文社会科学研究重大课题攻关项目（ZD202219）
河北省高等学校人文社会科学重点研究基地　　资助
河北地质大学学术著作出版基金

河北省生态系统碳汇能力评价与潜力预测研究

陈安国　牛晓耕　屈秋实　赵一行
魏　巍　周吉光　杨青峰　董岩峰
田国涛　刘　瀚　陈韵茹　李　莹
朱雪莲　蹇斯桧　张匡世
著

地质出版社
·北　京·

内容提要

本书将河北省森林、草原、耕地、海洋、湿地等生态系统作为研究对象，在刻画省域内各自然资源禀赋、分析各自然资源碳收支和土地利用变化碳效应的基础上，综合评价河北省生态系统碳汇能力，动态预测未来生态系统碳汇能力的时空演化，致力于深入探究区域生态系统碳汇能力和碳汇价值提升以及最大化利用的路径，最后探讨提出区域促进碳汇能力提升和碳汇产品经济价值实现的对策建议。本书的研究，拟抛砖引玉，为解决以下5个方面问题奠定基础或提供参考：一是河北省自然生态系统相关资料的时空分布基础数据收集和整理；二是筛选、创新生态系统或各类自然资源碳汇能力的测度方法；三是各类自然资源碳汇能力评价、时空分布和潜力评价；四是探析自然生态系统碳汇产品价值实现的机制与路径；五是提出促进河北省生态系统碳汇能力提升和碳汇产品生态价值实现的针对性建议，以期助力全省“双碳”目标和生态创富目标的顺利实现。

本书可供相关高等学校相关专业师生，自然资源、生态环境等政府管理部门及相关研究机构、企事业单位人员参阅。

图书在版编目（CIP）数据

河北省生态系统碳汇能力评价与潜力预测研究 / 陈安国等著. --北京：地质出版社，2025.1. --ISBN 978-7-116-14446-0

Ⅰ. X511

中国国家版本馆CIP数据核字第20245V9G08号

HEBEI SHENG SHENGTAI XITONG TANHUI NENGLI PINGJIA YU QIANLI YUCE YANJIU

责任编辑： 柳　青
责任校对： 关风云
出版发行： 地质出版社
社址邮编： 北京市海淀区学院路31号，100083
电　　话： (010)66554528（邮购部）；(010)66554632(编辑室)
网　　址： https://www.gph.clmpg.com
印　　刷： 北京地大彩印有限公司
开　　本： 787mm×1092mm　1/16
印　　张： 7.75　**图　版：** 4面
字　　数： 200千字
版　　次： 2025年1月北京第1版
印　　次： 2025年1月北京第1次印刷
审 图 号： GS京（2025）0065号
定　　价： 68.00元
书　　号： ISBN 978-7-116-14446-0

序　　言

为达成“双碳”目标，作为传统的人口大省、工业大省的河北省，必须同时用好“重点领域节能减排”和“生态系统碳汇能力提升”这两大“杀手锏”。2022 年河北省委与省政府出台的《关于完整准确全面贯彻新发展理念认真做好碳达峰碳中和工作的实施意见》更是明确指出要加强森林海洋生态系统碳汇、持续巩固提升碳汇能力、全面推进生态体系建设。因此，巩固提升碳汇能力将作为河北省的一项重要工作内容贯穿未来 10 年甚至更长时期，而从理论分析和数据支撑方面探索河北省生态系统碳汇能力评价与潜力发掘也就成为学术界亟待解决的重要科学问题之一。

本书将河北省森林、草原、耕地、海洋、湿地等生态系统作为研究对象，在刻画省域内各自然资源禀赋、分析各自然资源碳收支和土地利用变化碳效应的基础上，综合评价河北省生态系统碳汇能力，动态预测未来生态系统碳汇能力的时空演化，致力于深入探究区域生态系统碳汇能力和碳汇价值提升以及最大化利用的路径，最后探讨提出区域促进碳汇能力提升和碳汇产品经济价值实现的对策建议。

本书的研究，拟抛砖引玉，为解决以下 5 个方面问题奠定基础或提供参考：一是河北省自然生态系统相关资料的时空分布基础数据收集和整理；二是筛选、创新生态系统或各类自然资源碳汇能力的测度方法；三是各类自然资源碳汇能力评价、时空分布和潜力评价；四是探析自然生态系统碳汇产品价值实现的机制与路径；五是提出促进河北省生态系统碳汇能力提升和碳汇产品生态价值实现的针对性建议，以期助力全省“双碳”目标和生态创富目标的顺利实现。

本书是河北省教育厅人文社会科学研究重大课题攻关项目“河北省生态系统碳汇能力评价与潜力预测研究”（项目编号：ZD202219）的研究成果，同时得到河北省高等学校人文社会科学重点研究基地——河北地质大学自然资源资产资本研究中心、河北地质大学学术著作出版基金的经费资助。在此，表示诚挚的谢意！

陈安国

2024 年 9 月 19 日

目　录

第1章　绪　　论

1.1　研究背景

全球气候变暖是新世纪人类面临的重大挑战之一。2015年12月12日，全世界178个缔约方共同签署《巴黎协定》，对2020年后全球应对气候变化做出了安排。2020年9月22日，在第七十五届联合国大会一般性辩论上，国家主席习近平郑重宣布中国的减排目标：中国将采取更加有力的政策和措施，二氧化碳排放力争2030年前达到峰值，努力争取2060年前实现碳中和。党的十九届五中全会及2020年的中央经济工作会议、2021年的政府工作报告、2021年的中央财经委员会第九次会议等都对这项重点工作做出战略性部署，将碳达峰、碳中和纳入我国生态文明建设整体布局。2021年3月，中央财经委员会第九次会议明确提出：把碳达峰、碳中和纳入生态文明整体布局。要提升生态碳汇能力，强化国土空间规划和用途管控，有效发挥森林、草原、湿地、海洋、土壤、冻土的固碳作用，提升生态系统碳汇增量。2021年10月，中共中央、国务院印发的《关于完整准确全面贯彻新发展理念做好碳达峰碳中和工作的意见》指出，推进经济社会发展全面绿色转型，将碳达峰、碳中和目标要求全面融入经济社会发展中长期规划，加强绿色低碳重大科技攻关和推广应用。

2022年1月5日，河北省委、省政府出台《关于完整准确全面贯彻新发展理念认真做好碳达峰碳中和工作的实施意见》，明确指出：加大绿色低碳重大科技攻关和推广应用力度，集中力量突破关键技术。加强气候变化原因、森林海洋生态系统碳汇、低碳零碳负碳技术等基础理论研究。巩固生态系统碳汇能力，提升生态系统碳汇增量。建立生态碳汇监测核算体系，开展生态系统碳汇本底调查和储量评估，实施生态保护修复碳汇成效监测评估。开展海洋碳汇生态系统分布状况调查。

实现碳达峰、碳中和对于我国具有重要意义。第一，碳减排的过程也是倒逼国内企业提高生产效率和技术，由传统低效污染发展模式转变为绿色、低碳、循环的可持续发展模式，在减少能源、资源消耗的同时，改善了生态环境质量；第二，碳减排的过程推动了技术、装备、市场和金融创新，提升了产业链绿色和现代化水平，推动了供给侧结构性改革，加快了能源结构和产业转型升级，推动了从“要素驱动”向“创新驱动”的新旧动能转换，最终推动了经济高质量发展；第三，碳减排促进了能源生产消费革命，可再生能源和零碳能源逐步替代化石能源，减少了对化石能源的依赖，破解了能源供给对我国经济社会发展的制约，增强了能源供给的稳定性、安全性和可持续性，提高了资源、能源安全保障程度；第四，碳中和目标的实现将有助于维护我国对国际社会和人类发展负责任的国际形象，扛起了绿色低碳的发展旗帜，彰显了大国担当，促进了气候治理等多方面的国际合作。

对于河北省来讲，要实现“双碳”目标，面临着巨大的挑战。一是河北省化石能源消费量高，仅煤炭年消费量就在 3×10^8t 左右，化石能源占一次能源的比例大，能源消费碳排放强度高，能源结构调整面临一系列的困难和挑战。二是在河北省工业体系中，重化工业的比例一直较高，高耗能产业如钢铁工业、水泥、石油化工等在工业中所占比例高。虽然经过多年的供给侧结构调整，钢铁工业、建材工业已经下降很多，但钢铁产量仍然是全国第一。三是河北省人口多、底子薄，既要保增长，又要控排放，给碳达峰的实现带来很大挑战。总之，河北省碳达峰、碳中和目标的实现，减排力度和速度空前，任务十分艰巨。

“双碳”目标的实现，无非两个途径：一是节能减排，减少生产、生活中二氧化碳的排放总量；二是增碳固碳，主要是通过自然生态系统或人工系统，实现增碳固碳。有效发挥森林、草原、湿地、海洋、土壤、冻土的固碳作用，提升生态系统碳汇总量，是增碳固碳最为重要的路径，是实现碳达峰、碳中和目标的重要保障。

准确估计和测绘森林、草原、耕地、海洋、湿地等的碳汇量，对于制定“双碳”战略并最终实现碳中和至关重要。本书聚焦河北省生态系统碳汇研究，以森林、草原、耕地、海洋、湿地等的碳汇能力为研究对象，以各类自然资源碳汇能力评价与潜力预测为主要研究内容，致力于探求“双碳”目标下河北省生态系统碳汇能力提升、最大化利用路径及保障机制。本书研究既丰富了低碳经济理论相关研究，又契合了美丽河北、和谐河北建设的迫切要求，具有较强的理论与现实意义。

1.2 研究目的与意义

研究旨在对河北省生态系统碳汇能力进行评价，预测河北省生态系统碳汇潜力，找准碳汇生态产品价值实现的可行路径与保障机制，为提升河北省生态系统碳汇能力、发掘碳汇潜力并加快推进碳汇产品经济价值实现，提出可供参考的建议。

研究的意义体现在有助于推动河北省生态系统碳汇领域的理论知识普及与实践，精确评估技术方法研究，以及提高生态碳汇的社会经济文化价值与社会贡献。准确估计河北省生态系统碳汇量，对河北省制定战略以减轻大气碳浓度、促进经济绿色发展至关重要，支撑河北省生态文明建设。

从理论层面看，研究围绕“生态系统碳汇能力评价与潜力预测”研究主题，详尽梳理相关文献、筛选改进评价方法、优化确立潜力预测方法，系统探究河北省生态系统碳汇能力提升和最大化利用的路径，既可以丰富碳汇领域的研究，又可以弥补目前系统评价河北省生态系统碳汇能力的理论研究的不足。

从应用层面看，研究拟解决 5 个方面的现实问题：调研整理河北省各类自然资源时空分布的基础数据；筛选、创新生态系统或各类自然资源碳汇能力的测度方法；评价各类自然资源碳汇能力和潜力；提出河北省生态系统碳汇能力提升的可行路径和保障机制。一方面，能够为省内自然资源精细化管理提供数据和理论支撑；另一方面，能够为河北省提供生态系统固碳增汇方案，助力河北省“双碳”目标的实现。

1.3 研究思路与框架

立足河北省“双碳”目标和美丽河北建设的现实需求，契合“绿水青山就是金山银山”的发展认知，以河北省森林、草原、耕地、海洋、湿地等生态系统的碳汇能力及潜力作为研究对象，在刻画省域内各类自然资源时空分布演化状况的基础上，定量评价各生态系统的碳汇能力并对之进行预测，然后解析围绕研究目标和致力于解决的理论与现实问题，按照总体研究框架的设计，分别阐述研究的基本内容如下。

“第 1 章　绪论”。厘清我国碳达峰和碳中和“双碳”目标下的具体战略安排，梳理“双碳”目标下河北省的相关战略安排和工作部署，明确国家和河北省对自然资源生态系统固碳增汇方面的具体要求。在上述基础上，阐明研究的背景、目的、思路与重要意义。

“第 2 章　理论基础与文献评述”。一是根据研究内容需要对温室效应、碳汇、生态系统、生态系统碳汇、碳汇生态产品价值、碳达峰和碳中和等重要概念进行了界定；二是简析了资源环境理论、生态系统碳循环理论、生态环境价值理论、公共物品理论、外部性理论，为本研究奠定理论基础；三是在大量搜集阅读相关研究文献的基础上，从生态系统碳汇研究、碳汇能力评价研究（森林碳汇估算、草原碳汇估算、耕地碳汇估算、海洋碳汇估算、湿地碳汇估算）、碳汇潜力预测方法研究 3 个层面进行了分类整理和评述，为本研究找准切入点和拓展空间。

“第 3 章　河北省各类自然资源时空分布状况”。一是在对河北省森林、草原、耕地、海洋、湿地等各类自然资源保有量和开发利用状况进行充分调研的基础上，刻画各类自然资源的时空分布状况；二是借助 ArcGIS 软件，可视化河北省各类自然资源时空分布的演化状况，并总结其呈现的主要特征。

“第 4 章　河北省自然资源碳收支及土地利用变化碳效应”。一是基于细分的自然资源类型，对各类自然资源的碳收支进行简要核算和特征分析；二是进一步计算河北省各类自然资源碳密度值，并对其呈现的特征进行归纳分析；三是基于河北省土地利用变化情况，分别对坝上高原生态防护区、海岸海域生态防护区、京津保中心区生态过渡带、燕山-太行山生态涵养区、低平原生态修复区以及河北省整体的土地利用变化的碳效应进行了计算分析，为第 5 章具体核算各类自然资源生态系统的碳汇能力提供参考和对照基础。

“第 5 章　河北省生态系统碳汇能力评价”。本章在对自然资源生态系统进行本底调研，搜集整理生态系统碳汇能力评价所需数据的基础上，围绕河北省森林、草原、耕地、海洋、湿地这 5 种类型的自然资源生态系统，按照筛选确立适用评价方法—碳汇能力测算—碳汇能力评价的逻辑思路，立足河北省实际并结合具体评价要求，对河北省森林、草原、耕地、海洋、湿地生态系统碳汇能力进行测算与评价。

“第 6 章　河北省生态系统碳汇潜力预测”。本章在第 5 章研究的基础上，聚焦河北省森林、草原、耕地这 3 种类型的自然资源生态系统，按照筛选确立适用预测方法—碳汇潜力预测—碳减排效应分析的逻辑思路，立足河北省实际并结合具体评价要求，对河北省森林、草原、耕地生态系统碳汇潜力进行预测和简析。另外，鉴于碳汇是碳储量的重要来源且碳储量变化可用以评估碳汇效果，本章还对河北省碳储量的空间分异特征进行了分析与评价。

“第 7 章　提升河北省自然生态系统碳汇能力、促进经济价值实现的对策建议”。本章在厘清河北省自然资源生态系统固碳增汇方面存在的主要问题的基础上，探讨提出促进河北省自然生态系统碳汇能力提升、碳汇生态产品价值实现的对策建议。

“第 8 章　主要结论”。结合前述定性、定量分析结果，多角度提炼概括研究的主要结论。

1.4　研究方法

在聚焦河北省森林、草原、耕地、海洋、湿地等生态系统的碳汇能力、潜力、价值实现等方面展开研究的过程中，主要用到的方法如下。

（1）案例分析法

案例分析法是一种深入研究、探讨和理解具体实例的方法。它通过详细地研究个别案例，以发现问题的根本原因、了解事物的内在机理、分析事件的发展过程和提供实际问题的解决方案。本研究在查阅文献和收集资料的基础上，选出有代表性的案例进行研究、分析，从案例中总结出森林碳汇价值实现路径。

（2）归纳演绎法

归纳法是一种从具体的观察或数据出发，寻找模式和规律，进而推广到更广泛情境的逻辑推理过程。演绎法则是从一般到特殊的逻辑推理过程，它从一个或多个假设出发，通过逻辑推理得出特定情境下的结论。本研究通过分析森林碳汇生态产品价值实现的实践案例，从中总结归纳价值实现一般性规律，并推理得到可以指导森林碳汇资源价值实现的路径。

（3）文献研究法

利用中国知网、维普、百度学术等数据库，搜索阅读碳汇、碳汇测算、生态产品价值、生态价值实现相关文献。一方面，依据本研究逻辑进行梳理和评述，把握相关研究问题在学术界的进展，对研究内容有清晰认识；另一方面，为深入研究奠定理论和方法基础，并找准切入点，总结本研究的创新点。

（4）实证分析法

在碳汇能力评价层面，主要采用了森林蓄积量扩展法、InVEST 模型法、统计分析法等；在碳汇潜力预测层面，主要采用了灰色预测法、情景预测法等。

1.5　研究创新点与不足

河北省碳汇资源丰富，并且包括多种不同类型的生态系统类型，但从现有研究看，关于河北省的碳汇研究较少，仍处于起步阶段。在碳汇研究中，多以不同类型生态系统为依据，如森林、草原、耕地、海洋和湿地等，不同类型生态系统有不同的数值参数和模型方法，但总体看，其均是在对生态本底考察的基础上加入碳密度等测算方式，进行碳汇能力评价。由于不同研究者采用不同的核算方法，出于不同来源的基础数据也有不同，因而核算出的结果往往有较大差别，可比性较差。在对森林、草原、耕地、海洋、湿地等自然资源生态系统进行全面调研的基础上，对各类生态系统碳汇能力进行测算、评价并就潜力做出预测，进而探求碳汇生态产品价值实现的可能路径，力图在以下 3 个方面有所突破。

一是筛选、改进并确立河北省生态系统碳汇能力评价和潜力预测的方法集。各类自然资源生态系统具备不同的特征属性，需采取不同的方法对其碳汇能力和潜力进行预测，而已有方法还不成系统，且适用性有待探讨，因此，筛选、改进、论证、完善预测方法是本研究的中心问题。

二是结合遥感数据，可视化河北省各类自然资源生态系统碳汇能力和潜力的时空演化状况和呈现出的阶段性规律，为河北省制定碳达峰、碳中和的时间表和路径图提供数据支撑和决策依据。

三是探求“双碳”目标下河北省生态系统碳汇能力提升和碳汇潜力可持续释放的实现路径和保障机制。

从目前看，本研究的不足之处主要体现在：一是由于数据的可得性限制，碳汇能力的评估和潜力预测的核心是生态本底的精细化考察，这方面受到时间、经费、技术手段等各方面限制，第一手资料还是很难获取的，海洋生态系统和湿地生态系统碳汇能力测度和潜力预测仍有待进一步探索；二是由于碳汇计算方法多样，本研究仅是在评价选用方法的基础上进行测算，并未进行多方法测算比较。

第2章 理论基础与文献综述

2.1 重要概念界定

2.1.1 温室效应

太阳向地球的辐射量约1/3被反射回太空，另外2/3（主要是短波）辐射量到达地表。地表接受太阳辐射，主要以红外线形式（长波）向外界辐射能量，这种辐射中有相当一部分被大气中的温室气体与云层吸收，地表温度由此得以维持，这种效应即温室效应。温室气体是产生温室效应的主因，主要是二氧化碳（CO_2）、甲烷（CH_4）、一氧化二氮（N_2O）、氯氟烃（CFC），其对温室效应的影响力分别占69.6%、12.4%、15.8%、2.2%。据国际能源署（IEA）数据，2021年全球碳排放达到363×10^8t，其中煤炭151×10^8t，石油107×10^8t，天然气75×10^8t，创历史新高。

温室效应本身只是一种自然现象，它对维持地表温度起到了决定性作用，如果没有温室效应，地球地表温度会下降到-23℃。而目前的情况是，温室效应的加剧，导致了全球变暖，从而造成了一系列的气候变化与自然灾害频繁发生，造成全球性的环境问题。

《巴黎协定》（*The Paris Agreement*）规定的温控目标是把全球平均气温升幅控制在工业化前水平（即2℃以内），并努力将气温升幅限制在工业化前水平（即1.5℃以内）。2℃被认为是人类社会可以容忍的地球最高升温幅度，如果超过这个幅度，全球将遭遇洪涝、饥饿、疟疾、水资源短缺等巨大的自然灾害，缺水人口将达到20亿，20%~30%的物种灭绝，因营养不良、疾病、酷热和旱涝等将导致死亡人口大幅增加。如果气温上升3~5℃，全球人口将有20%受到洪水影响，11亿~32亿人缺水，物种大规模灭绝，2/3的陆地面积极度干旱，大量土地成为不毛之地。

2.1.2 碳汇

2.1.2.1 基本概念

根据《联合国气候变化框架公约》，碳汇是指清除二氧化碳等温室气体的过程、活动和机制。

碳汇与碳储量的关系为：通常碳汇等于碳储量的年变化量。

与碳汇相对的概念是碳源，即向大气中释放二氧化碳的过程、活动或机制。

碳通量是指在某个时间段内从一个碳库向另一个碳库转移的二氧化碳的质量。

具体来看，碳汇可以进一步分为森林碳汇、草原碳汇、耕地碳汇、湿地碳汇、海洋碳汇。其中，由陆地生态系统如森林、草原、耕地和湿地等形成的碳汇被称为“绿碳”，由海洋活动及海洋生物吸收大气中的二氧化碳形成的碳汇被称为“蓝碳”。

2.1.2.2 森林碳汇

森林碳汇是通过人工林业经营活动，在原有基准碳汇的基础上，稳定和增加碳汇量的过程或活动（李林泽，2020）。按照森林活动情况，又可以细分为人工造林碳汇、森林经营碳汇等（张瑞杰等，2024）。

森林碳汇是碳汇的重要组成部分。据估计，到 2060 年森林碳汇将达到 $15\times10^8\sim18\times10^8$t，对碳中和可以做出较大的贡献。从提升碳汇的途径来说：一是保碳，即实施森林保护工程，主要是封山育林，由于我国森林中幼龄林占有较大的比例，因此碳汇潜力很大，保碳有利于稳定增汇和生物多样性保护；二是通过人工参与，如森林管理、植树造林和其他经营措施，达到增汇的目的；三是碳资源利用，即木质林产品制造，将砍伐的木材用来生产家具、胶合板、纸制品或用作其他木质材料，木质林产品在固碳增汇方面大有可为。

2.1.2.3 草原碳汇

草原碳汇是植物光合作用和微生物作用的结果。植被通过光合作用固定大气中的碳，根系深入的植物再将碳分配到土壤生物中，枯叶、根系、土壤中的动植物、真菌、细菌等共同作用形成土壤有机碳。一般对于草原来说，地面以上草（植物叶片）的碳储量占 19%，地面以下的碳储量约占 81%。所以科学的放牧可以促进根系的生长，从而增加土壤中的碳，草原植物根系发育越深越有利于固碳，草原生物多样性越丰富固碳能力越强，而原生物种的固碳能力远远大于人工引进物种。

2.1.2.4 耕地碳汇

耕地碳汇是植物光合作用和土壤微生物共同作用的结果。土壤有机碳存储和土壤微生物活动是耕地碳汇最重要的形成机制。土壤有机碳储存通过农作物的根系分泌物和秸秆、根系的残留物等有机质在土壤中降解为土壤有机碳，然后累积在土壤中。土壤微生物的降解作用会将一部分碳转化为二氧化碳释放到大气中，也会将一部分碳转化为更稳定的含碳化合物固定在土壤中。因此耕地同时具有碳源、碳汇的属性，通常会采用适当的耕地管理措施来实现碳汇，常用的增加耕地碳汇的耕地管理措施包括施有机肥、秸秆还田、免耕、休耕等（张悦等，2024）。

2.1.2.5 海洋碳汇

自然界主要通过陆地生态系统和海洋生态系统吸收大气中的碳。海洋碳汇包括滨海湿地碳汇、渔业碳汇、海洋生物碳汇、海洋微型生物碳汇等。

蓝碳据估算约 40×10^{12}t，是地球上最大的碳库。海洋储存了地球上 93% 的二氧化碳，每年可清除约 30% 人类排放的二氧化碳（Zhang et al.，2022）。因此，蓝碳是实现碳中和的重要影响因素。但是，海洋碳汇的形成受到很多因素尤其是海洋生态环境的影响，过度的海洋捕捞、海洋污染和海洋酸化等，都能够影响海洋对碳的吸收固化能力，从而影响到碳汇形成。因此，维持、保护、治理好海洋生态环境对于提升海洋碳汇能力至关重要。

红树林、海草床和盐沼共同构成滨海湿地蓝碳生态系统，能够捕捉和储存大量的碳，固碳效率极高。海草通常生长在具有有毒硫化物的高还原性沉积物中，对光照的要求极高，因此对水体透明度的变化极其敏感。海草床是地球上生产力最高的生态系统之一（Duarte et al.，2010），海草植物、附着生物和大型藻类等通过光合作用固定碳并存储在生物体内，使大量有机碳稳定存储于沉积物中。海草床产生的大量纤维和木质素类物质（根和根茎）能够形成数米甚至十几米的海草碎屑层，固碳能力极强，只要海草生态系统不退化到植被丧失的状态，这些沉积物存储的碳就可能被封存数百年（Duarte et al.，2010；Landschützer et al.，2016）。盐沼是指含有大量盐分的湿地，海滨盐沼分布在河口或海滨浅滩，由海水浸渍或潮汐交替作用而成。我国盐沼中主要优势植物有芦苇、大米草、互花米草、海三棱藨草、盐地碱蓬、短叶茳芏、柽柳等。盐沼生态系统碳汇主要包括盐沼植物碳汇、沉积物碳汇和底栖动物碳汇等。河北省无红树林，海草床和盐沼是海岸带最重要的碳汇资源。

2.1.2.6 湿地碳汇

湿地碳汇是植物光合作用、微生物作用和泥炭化作用的共同结果。陆地湿地中的树木与其他植物通过光合作用将大气中的碳固定，植物死亡后沉入水下使碳在水下不断堆积，在根、茎、叶等枯落物不断堆积的过程中形成多个碳层，同时植物根系、落叶与土壤共同作用形成生物泥炭堆积。总之，对湿地而言，地表以下碳存储于矿物质土壤中或有机质土壤（泥炭）中，地表以上碳储存于林草茎叶中。由于泥炭水分过于饱和的厌氧特性，植物残体分解释放二氧化碳的过程十分缓慢，从而有效固定了植物残存体中的大部分碳。在气候稳定且没有人类干扰的情况下，相较于其他生态系统，湿地能够更长期地储存碳（潘明月，2020）。

2.1.2.7 地质碳汇

碳捕集利用与封存技术（CCUS）是实现碳中和的关键手段之一，是指将二氧化碳从工业生产、能源利用或大气中分离出来，并加以利用或注入地层以实现永久减排的过程。我国在 CCUS 技术研发、试验示范和商业化探索方面已经开展了大量工作，呈现了良好的发展局面。碳封存主要是 3 个路径：一是基于硅酸盐岩（主要是基性-超基性岩）风化过程，将二氧化碳注入地质储层，试验表明可在两年内矿化固定；二是基于碳酸盐岩溶蚀过程，碳酸盐岩吸收二氧化碳溶解进入水体中，碳随着水流进入地下，从而在地下水水生生物碳泵作用下被固定；三是仿照油气埋存方式，在适宜的地质结构中进行的二氧化碳地质封存，封存于深部煤层时可增加煤层气产量，封存于油气田时可驱油增产，封存于咸水含水层时可增加微咸水产量。我国二氧化碳地质封存潜力约为 $1.21\times10^{12}\sim4.13\times10^{12}$t。

完全的自然过程也可以实现碳固定。比如，在干旱半干旱地区的碱性土壤中富含钙离子，钙离子溶于水，在向下迁移时可能与二氧化碳结合形成碳酸钙沉淀下来，这就是在干旱半干旱地区常见的钙板、钙结核（料姜石）。这种自然过程固碳由于以无机物形式存在，可以永久固定，这和土壤中有机碳固定是不同的。

2.1.3 生态系统

生态系统是由生物群落及其生存环境共同组成的动态平衡体系，是生态学研究的基本单元。1935 年坦斯利（Tansley）提出生态系统概念，生态系统生态学逐渐成为生态学研究的核心方向之一，越来越受到生态学家的关注。生态系统（Ecosystem），指在自然界的一定空间内，生物与环境构成的统一整体。在这个统一整体中，生物与环境之间相互影响、相互制约，并在一定时期内处于相对稳定的动态平衡状态（王志恒等，2021）。在生态系统中，基础物质在生态系统中不断循环，按照研究对象的不同分类，可以分为不同类型的生态系统，它们有不同的特点（表 2.1）。

表 2.1　较为典型的生态系统类型及其分布情况表

生态系统类型	森林	草原	耕地	海洋	湿地
分布特点	湿润或较湿润地区	干旱地区，降水量很少	平原，分布地区广	整个海洋	沼泽地、泥炭地、河流、湖泊、红树林、沿海滩涂及低于 6m 的浅海水域等
群落结构	复杂	较复杂	较复杂	复杂	较复杂
主要植物	高大乔木	草本植物	农作物	微小浮游植物	芦苇
物种	繁多	较多	较多	繁多	较多

2.1.4　生态系统碳汇

《中华人民共和国国民经济和社会发展第十四个五年规划和 2035 年远景目标纲要》名词解释之 185 对生态系统碳汇提出了明确的定义。生态系统碳汇是指生态系统从大气中清除二氧化碳的过程、活动或机制。通过植树造林、森林管理、植被恢复等措施，利用植物光合作用吸收大气中的二氧化碳，并将其固定在植被和土壤中，从而减少温室气体在大气中浓度。生态系统碳汇是指森林、草原、耕地、海洋、湿地等生态系统从大气中清除二氧化碳的过程、活动或机制。

一定程度上，生态系统碳汇是对传统碳汇概念的拓展和创新，不仅包含过去人们所理解的碳汇，即通过植树造林、植被恢复等措施吸收大气中二氧化碳的过程，同时还增加了草原、海洋、湿地等生态系统对碳吸收的贡献，以及土壤、冻土对碳储存、碳固定的维持，强调各类生态系统及其相互关联的整体对全球碳循环的平衡和维持作用。

以森林为例，全国森林碳密度为 1.62×10^4t/hm^2，全国森林总面积 220×10^4km^2，如果森林固碳年增 0.01%的话，相当于每年产生 3.56×10^8t 的碳汇。根据 2014—2018 年第九次全国森林资源清查，我国森林蓄积量为 175.6×10^8m^3，森林植被总碳储量为 91.86×10^8t。土壤是一个巨大的碳库，这一点超出了人们的想象。据有关资料（杜雪等，2022；邹晓明等，2022；施月红，2022），全球土壤有机碳储量大约为 3.5×10^{12}~4.8×10^{12}t，相对应的，全球植物碳储量只有 4200×10^8~6200×10^8t，而大气中碳储量大约为 8290×10^8t。

根据我国 2018 年提交的气候变化第二次两年更新报告，2014 年我国碳总排放量为 102.75×10^8t（二氧化碳当量）。

在无干扰状态下，陆地生态系统碳汇最终将趋于零，所以陆地生态系统碳汇的重要作用在于为碳中和目标的实现赢得关键时间窗口。但就我国生态系统的现状来讲，森林体系中幼年林木比例较大，植树造林的空间还较大，山水林田湖草沙生态修复还有巨量的工作要做，所以在一个较长的时期内，生态系统碳汇仍将是一个很大的正值，是实现碳中和过程中对人为碳排放的一个重要的抵消变量。

2.1.5 碳汇生态产品价值

本书以森林碳汇生态产品价值和林业碳汇生态产品价值为例予以辨别说明。

林业碳汇是指利用森林的天然储碳功能，通过植树造林、减少毁林、加强对森林的经营管理等人为方式增加森林吸收二氧化碳的能力，并借助市场机制和行政手段，根据相关的规则进行碳汇交易。从概念来看，林业碳汇不是只关注森林碳汇这个吸收存储的过程，而是系统性地、全面性地对森林进行管理保护以及后续交易的一个综合性的系统。

森林碳汇概念相比林业碳汇来说，比较简单。森林碳汇是指森林吸收并固定二氧化碳的能力或过程。对森林碳汇的研究最早开始于 20 世纪 60 年代末国际科学联合会理事会（ICSU）开展的国际生物学计划（IBP）。早期的森林碳汇研究多关注森林的自然属性，集中于对森林碳汇实物量的计算及时空变化等自然科学领域的研究。随着《京都议定书》的出台，森林碳汇进入议定书规定的清洁发展机制（CDM）后，意味着发达国家可以通过在发展中国家实施林业碳汇项目抵消其部分温室气体排放量，这是对林业意义十分重大的事件，标志着林业碳汇蕴藏的经济利益得到了国际社会承认。此后对林业碳汇的研究逐步扩展到生态价值、经济价值和社会价值上。

森林碳汇与林业碳汇区别在于森林碳汇是指森林生态系统吸收固定二氧化碳的能力或过程，林业碳汇强调人为活动增加森林固碳能力并与碳汇交易结合的过程。森林碳汇属于自然科学范畴，林业碳汇既有自然科学属性又有社会经济属性，林业碳汇涉及范围比森林碳汇广。

2015 年中共中央、国务院印发的《生态文明体制改革总体方案》提到，自然生态是有价值的，保护自然就是对自然价值和自然资本增值的过程，保护自然就是保护和发展生产力，就应该得到回报和补偿。林业碳汇生态产品存在的意义不仅是满足人的物质需求和精神需求，更是以生态价值为表征内容的体现。随着人类社会的发展和认识的深入，对林业碳汇生态产品价值的认知经历了 4 个阶段：①原始社会时期，人类完全臣服于自然，依赖森林等自然资源提供栖息场所和食物；②农耕文明时期，人类利用自然界中的物质，劈柴、烧水、取暖、盖房，用木头制作武器，人们只意识到了其社会价值；③工业文明时期，技术的发展提高了认识、利用自然的能力，人们开始征服自然，重视森林等生态系统所提供的物质产品，森林资源被开采为林产品，形成商品进行出售，这一阶段虽然森林在人类生存和发展中的作用不断提升，但其价值依然被轻视；④生态文明时期，资源的减少、环境的污染迫使人们追求与自然和谐相处，逐渐意识到森林等自然资源提供的生态价值，探索将生态优势转为经济优势，生态产品价值不断得到认可。

林业碳汇生态产品的功能和使用价值体现在维护生态安全和生态调节方面，包括固碳释氧、调节气候、清洁空气等。除了林业碳汇本身体现的价值，还可以作为生产要素，经过经营开发，转化为其他商品的价值，如林业碳汇提供观赏旅游、森林康养以及开展的林业碳票、碳普惠等林业碳汇项目。这些功能和价值通过货币化的形式体现出来的市场价值就是林业碳汇生态产品价值。

2.1.6 碳达峰和碳中和

碳达峰是指二氧化碳排放量达到历史最高值（即峰值），随后经历平台期持续下降。这里碳达峰只考虑了二氧化碳排放值，未考虑碳汇。

碳中和是指人为活动直接和间接排放的温室气体，与通过碳捕集利用与封存、植树造林等人为的碳移除和碳汇实现平衡的状态，此时，排放量=自然过程吸收量+生态碳汇+工程封存量，即空气中二氧化碳增量为零的状态。也就是说，人为的碳排放（化石燃料利用和土地利用等）被人类的固碳增汇行为（木材蓄积量、土壤有机碳增加、工程封存等）和自然过程（海洋吸收、侵蚀–沉积过程的碳埋藏、碱性土壤的固碳等）所吸收，实现净零排放，即碳中和。

实现碳达峰、碳中和是经济社会发展逐渐摆脱对化石能源依赖的过程。按照我国政府的承诺，我国力争在2030年前实现碳达峰，2060年前实现碳中和，2030年单位国内生产总值（GDP）二氧化碳排放量比2005年下降65%以上。

碳达峰和碳中和是紧密相连的两个概念，碳达峰是碳中和的基础和前提，碳达峰时间的早晚和峰值的高低直接影响碳中和实现的时长和难度。而碳中和是对碳达峰的紧约束，要求碳达峰行动方案必须要在碳中和的引领下来制定和规划。

碳中和实现的路径无非是两个方面：一方面是二氧化碳减排，即通过能源结构转型、工业技术创新、产业结构调整等实现减排；另一方面是通过自然生态系统保碳储碳、生态工程增汇、工程封存增汇。根据国际经验，实现碳中和主要还是要靠减排，但碳汇的作用也不可忽视。有研究指出，即使尽最大努力减排，到2060年我国每年仍不得不排放25×10^8~30×10^8t二氧化碳，这部分二氧化碳需要靠生态系统吸收固化一部分，剩余部分要通过碳捕集利用与封存技术来消化，因此生态系统碳汇对于实现我国碳中和目标非常重要。

碳达峰、碳中和的一个重要路径是二氧化碳减排。从二氧化碳排放的构成来讲，能源消耗占比超过70%，工业过程和废物处理等大约占比8%，其他农业、林业和土地利用等大约占比18%。从这个角度讲，能源消耗方面排放最多，减排的潜力也最大。首先，提高可再生能源如风力发电、太阳能光伏发电等的比例，发展其他零碳电力如核能发电，逐渐以零碳电力替代化石能源发电，最终实现化石能源在发电领域的逐渐退出；其次，提高工业生产的能源利用效率，推广电能和氢能利用对工业燃料的替代，在交通领域推广纯电动汽车和燃料电池汽车，优化交通综合规划、降低货运需求等也是降低碳排放的有效措施。

碳达峰、碳中和的另一个重要路径是增加碳汇。陆地生态系统吸收了全球碳排放量的28%，在减缓大气二氧化碳浓度上升的过程中起到了重要作用。农田作物、土壤、湿地植被、草地植被、森林植被等构成了一个巨大的生态系统碳库。人类生产、生活不得不排放的二氧化碳，除一部分被自然过程吸收（主要是海洋）外，其他是靠生态碳汇予以平衡，主要是森林蓄积、土壤固碳和工程封存，海洋也贡献一部分碳汇。仅以森林为例，如果森林固碳年增0.01%的话，相当于每年产生3.56×10^8t的碳汇，换算为二氧化碳是13.07×10^8t。对应的，2021年中国能源消费总量52.30×10^8t标准煤，相当于135.98×10^8t二氧化碳排放量，同比增长5.2%。即森林碳汇大致能抵消10%左右的碳排放量（碳源）。

2.2 理论基础

2.2.1 资源环境理论

资源环境理论是经济学的一项重要内容，是研究资源和环境问题的经济学理论和方法，包括资源的开发利用、环境的保护管理、可持续发展等重要问题。在当前全球范围内经济快速发展的情况下，资源和环境问题已经成为制约经济可持续发展的最大瓶颈。资源环境经济学研究的对象是经济与资源、环境的关系，其目的是通过经济手段实现经济发展与资源开发、环境保护的多赢。在中国深入研究资源环境理论及实践，具有非常重要的现实意义。资源环境理论主要包含资源约束理论、环境外部性理论、生态经济学理论、协同耦合理论等。①资源约束理论是资源环境经济学中最基本的理论之一，其指出：资源是有限的，无限的人类需求会引起资源缺乏。因此资源的有效使用必须满足最大化经济效益和可持续发展的要求。②环境外部性理论认为，由于环境公共性和生态复杂性，环境质量不能用市场交易机制来处理。因此政府应该引入正确的环境政策，从而消除环境外部性。环境外部性理论也是生态环境经济政策的重要理论依据。③生态经济学理论是一种将经济系统与生态系统相结合的新型经济学思想。它认为经济发展必须充分考虑生态环境，并在经济增长与环境保护之间寻求平衡。④协同耦合理论认为生态系统中的各个要素之间存在着协同作用和耦合关系。即不同的要素之间相互依赖、相互促进，形成一个动态平衡的生态系统。资源环境理论强调资源利用和环境保护之间的关系。它认为资源是有限的，应该合理利用、节约使用，并且在资源利用过程中要尽量减少对环境的破坏。

2.2.2 生态系统碳循环理论

碳循环实际上是元素碳在地球上的各个圈层之间的交换过程。地球处于不断运动过程中，碳循环也在不断运动循环。自然生态系统是一个客观实体，包含生物群落和非生物环境两大重要组成部分。碳元素是构成生命的最基本元素，而碳循环是生物圈维持稳定的重要基石，生物群落和非生物环境在指定时空作用范围里，通过连续性的物质周期性循环、能量流动和数据信息传输，组成相互关联、相互作用、相互依存的有机总体。以海洋为例，大气的二氧化碳会和海洋表面保持高频率的交换，以此来确保大气和海洋表面的平衡稳定，然而海洋对二氧化碳的吸收是有饱和性的，其吸收蓄积能力有限，导致的后果就是在日积月累的过程中，大气系统的二氧化碳浓度持续提高，而海洋的二氧化碳吸收蓄积能力持续性弱化。

2.2.3 生态环境价值理论

资源短缺和环境恶化等挑战日益加剧，导致自然资源的稀缺性逐渐加剧，这凸显了生态环境提供的各种服务功能的重要性。因此，学者们开始逐步将对资源和环境的研究置于社会整体环境的考量之下。应用马克思的劳动价值论可将生态环境的价值解释为人类为维持社会经济持续发展所付出的社会必要劳动时间。然而，这并没有解决生态环境功能被无偿使用的问题，因为对生态环境的补偿仅限于对消耗劳动的补偿。效用价值论则将物品对人类的实用性视为评价其价值的关键，得出生态环境具有价值的结论，但效用如何衡量尚未解决。效用价值论将生态环境价值划分为使用价值和非使用价值。其中，使用价值包括直接使用价值和间接使用价值；而非使用价值则包括选择价值、遗传价值和存在价值。生态环境的价值取决于其对人类的实用性，而价值的大小则取决于其稀缺性。此外，生态环境价值的量化受到时间、地点、条件、质量等因素的影响，因此会有所不同。生态环境对人类的实用性主要体现在生态系统提供的各项服务功能上。

2.2.4 公共物品理论

新政治经济学将公共物品理论视为其核心之一，公共物品理论是正确处理政府与市场关系、公共服务市场化的重要理论。公共物品被定义为那些能为社会公众共同利用的资源或产品，其显著特征在于它们的非竞争性和非排他性。具体而言，非竞争性意味着一个人利用某公共物品并不会降低其他人使用同一物品的机会或质量；而非排他性则指的是无法阻止任何人使用这些公共物品。以林业碳汇生态产品为例，它明显具有上述特性。森林释放氧气、吸收二氧化碳，带来的优美环境，所有人都能享用并不会因为一个人使用而减少。因此，在研究生态产品时，必须考虑到它们作为公共物品的属性。但是使用这些生态产品时，存在着“搭便车”现象，导致受益者众多且难以精确界定受众人群，从而使得确定付费方变得困难。为了实现生态产品的价值，应依据生态产品价值和受益范围或消费群体的规模确定付费责任，如广泛受益的典型公共生态产品可由政府通过生态补偿等方式支付；受益群体较小的生态产品则由受益者支付；而具有明显私人商品属性的生态产品应实行“谁受益谁支付”的原则，由明确的消费者承担费用。

2.2.5 外部性理论

外部性理论是环境经济学的基础。外部性描述了个体在进行经济活动时对其他个体产生的正面或负面影响，而这些影响未能得到适当的经济补偿或责任归属。生态环境的外部性可分为正和负两种。人类行为导致的生态破坏及其对他人的负面影响称为生态环境的负外部性；相反，进行生态保护，增强生态产品生产，让未直接参与的人也能享有环保成果，称为生态环境的正外部性。在森林经营活动中，外部性的表现非常明显，对森林的过度开发，乱砍滥伐，破坏水源造成环境污染，影响人们生活，属于带有负外部性的经济行为；而退耕还林、轮牧、生态区保护带来的空气清新，属于带有正外部性的经济行为。然而，无论是生态保护还是破坏所带来的外部性，其成本和价值往往难以在市场价格中准确反映，导致生态保护价值未获充分认可，造成供应不足；或生态破坏的成本被低估，导致过度供应。这种情况表明，市场和政府机制可能都存在缺陷，不管是正外部性还是负外部性都可能阻碍资源配置达到帕累托最优。为解决外部性问题，实现其内部化，必须结合政府和市场的力量，采取环境经济学中经常采用的庇古手段和科斯手段。庇古提出“庇古税”，主张对造成负外部性的活动征税，对产生正外部性的活动给予补贴，以达到资源优化配置；科斯则强调产权的设定是资源配置优化的关键，主张通过减少交易成本、进行私下谈判和明确产权界限来对外部性进行内部化。

2.3 文献综述

2.3.1 生态系统碳汇研究

自 1984 年英国科学家首次在南极上空发现“臭氧层空洞”开始，全球气候变化问题日益受到各国关注，二氧化碳排放总量和排放强度控制日益成为学界和政界的关注重点，并日益聚焦于碳达峰情景预测、碳达峰与碳中和路径选择、碳汇评价与碳汇经济价值估算等方面的研究。国内关于碳汇的研究起步于 20 世纪末，主要聚焦于森林碳汇、耕地碳汇、湿地碳汇等方面的测度，海洋碳汇、岩溶碳汇测度研究相对进展更为滞后。2002 年中国科学院正式启动了中国陆地生态系统碳通量观测项目，碳汇领域研究热度才开始缓慢提升。

当前，国内多个省份的相关机构已经分别启动了碳汇的基础研究和应用。北京市于 2010 年初率先成立碳汇办公室，建成并运行了北京碳汇网，探索制定相关技术指南并尝试建立碳汇能力监测网络体系。内蒙古碳汇评估研究院于 2010 年 3 月 28 日在呼和浩特市成立，主要开展碳汇基础和应用研究，进行碳汇检测与评估，并广泛开展碳汇植被建设和生态系统碳汇的计量问题研究等。重庆市科委于 2010 年 3 月安排专项资金紧急启动“重庆森林碳汇战略”专题研究，为建设城市森林碳汇交易市场和争取国家低碳发展城市提供重要决策依据。

从具体研究内容来看，针对森林生态系统方面的研究较为广泛。有学者指出，森林固碳增汇是指森林植被吸收大气中的二氧化碳并将其固定在植被或土壤中，从而减少该气体在大气中的浓度。其固碳增汇技术主要包括加强森林植被恢复及保护，实施退耕还林、人工造林等（苏伟斌等，2015）。也有学者重点强调在天然林全面禁伐下，将极大缓解目前人工林承担木材供给份额的压力，在解决我国木材供需总量与结构性矛盾、保障我国木材安全、发挥森林固碳增汇功能等方面具有广阔市场和推广应用前景（Duan et al.，2019）。此外，不少研究学者则认为中国森林植被的碳汇功能主要来自人工林的贡献。因此，如何通过人工林经营管理增加森林生态系统碳汇并减少碳排放，如何通过构建固碳增汇示范林以增强森林减缓和适应气候变化的能力，是我国人工林发展面对的关键技术问题（刘世荣等，2021）。过去我国对天然林不合理的经营管理和人为干扰，使天然林资源锐减、固碳能力下降、生态服务功能严重退化，并且已经造成了严重的生态经济后果。采取积极有效的天然林固碳增汇措施，可加快退化天然林恢复的速度和质量，重建天然林的健康、生态稳定性与生物多样性，促进生态效益的逐步提高，保障区域生态安全和可持续发展（刘世荣等，2024）。也有学者初步总结出了天然林实施生长抚育技术方法以及固碳增汇的计量技术（朱思特等，2019）。

就耕地碳汇方面而言，多从固碳增汇、耕地生态系统研究深入，部分学者指出研究我国耕地固碳增汇潜力与路径对实现碳中和目标意义重大。研究强调增强我国耕地固碳增汇能力应结合各大农区不同的资源环境问题，通过推行少耕免耕、秸秆还田、增施有机肥等农田管理措施，结合面源污染、土壤重金属、水土流失等生态环境治理，在保障粮食安全的同时提升耕地固碳增汇能力（刘文平等，2022）。也有学者提出秸秆还田是当今世界普遍重视的一项培肥地力的增产措施，同时也是重要的固碳措施。通过研究中国农田的土壤固碳潜力和秸秆还田对土壤有机碳含量以及温室气体排放的影响，探讨了秸秆还田的固碳增汇效果（罗龙皂等，2013）。粮食安全与耕地密切相关，固碳增汇也与粮食安全有着很大的关系。此外，有学者重点研究了东北黑土地保护现状、农业生产情况、黑土地固碳增汇的情况和前景，围绕粮食安全与固碳增汇协同发展方面存在的问题等展开分析，为加强东北黑土地保护，实现粮食安全与固碳增汇协同发展提出了解决路径（李发东等，2021）。

就海洋生态系统而言，有关研究明确指出盐沼、红树林、海草床等沿海生态系统具有重要的蓝碳功能和固碳潜力，已成为应对全球气候变化的长期解决方案之一（韩广轩等，2023）。此外，学者们也重点关注以海洋生态系统、碳汇能力为主体的碳中和。当前国内外海洋碳汇领域的研究重点仍是以海洋生境、海洋生态系统为主体的海岸带碳汇研究，尤其是碳中和背景下，海岸带生态系统的碳汇能力更是广受关注。多数学者以红树林、海草床、盐沼等海岸带蓝碳为重点研究对象。海岸带蓝碳作为海洋生态系统碳汇的重要组成部分，学者们普遍认为通过碳储量、碳存量相关核算，以此分析这几类生态系统主体的碳汇能力，对于助推碳中和，增强碳汇量，发展碳汇潜力有重要的理论价值和实践意义（赵蔷，2014；褚艳玲等，2022；过梦倩等，2024；崔林林等，2020）。因此，有部分学者从方法学的角度出发，采用实际的方法评测海洋碳（向爱等，2022；岳冬冬等，2020）。而众多学者则将碳汇与气候变化、温室气体量的可变化趋势相联系，着重关注海洋碳汇的功能与气候变化之间的内在作用（Makkonen et al.，2015）。

2.3.2 碳汇能力评价研究

现有研究中，针对各个不同的生态系统，其碳汇能力评价研究以及评价方法存在显著差异。

2.3.2.1 森林碳汇估算

针对森林生态系统的研究尤其是其碳汇的测算研究最深入。学者们针对森林碳汇能力评价提出了许多研究方法，尤其是针对森林生物量使用生物量估算法，提出单木生物量模型及林分生物量模型来估算森林碳汇能力。目前，关于测算森林碳汇量的主要研究方法有生物量法、蓄积量法、涡度相关法、涡度协方差法、弛豫涡旋积累法等。部分学者基于连续生物量换算因子法测算出 1980—2000 年森林总碳库由 43×10^8t 增加到 59×10^8t（方精云等，2015a），也有学者提出了森林蓄积量扩展法，对黑龙江省森林碳汇进行核算（郗婷婷等，2006）。不同方法计算过程和结果存在显著差异，总体来看，生物量法是使用最多且较为准确的碳汇计算方法。在森林碳汇潜力预测方面，比较有代表性的是采用全球林产品模型（GFPM）预测不同情景下森林蓄积量（姜霞，2016），建立生物量密度与林龄之间的关系预测到 2050 年中国森林生物量碳汇潜力，以及采用灰色预测模型 GM(1,1)、回归预测、自回归移动平均模型（ARMA）以及因子分析法等预测森林碳汇量（徐冰等，2010）。

此外，确定碳汇价值的方法通常包括人工固定二氧化碳成本法和造林成本法，后者根据树木吸收大气中的二氧化碳量来评估碳汇的价值，从造林成本与森林固定二氧化碳的价值之间的关系推算，以及碳税率法（环境经济学家通常使用瑞典的碳税率）、损失评估方法和意愿支付法。还有一种是根据《京都议定书》的清洁发展机制（CDM），即发达国家缔约方为实现减缓气候变化所承担责任的方式，承担减排责任，与发展中国家签署合作协议的机制，清洁发展机制（CDM）是一种成本最低的获得减排权的途径。有学者提出参考林分生物量的计算，可通过化学反应机理来实现估算碳储量（王冬至等，2011）。国际上被广泛应用的森林碳汇的计算方法还有样地清查法和应用遥感技术的模型模拟法，这是常见的估算方法。样地清查法是指在设立代表性样地的基础上，通过长期观测，可以得知森林生态系统中植被、枯落物和土壤等碳库的碳储量，并推断在一定时间段内碳的变化情况。部分学者运用了碳汇计量的方法，具体操作包括选择并设立标准样地，对每个样地内所有存活的立木进行直径、树高和冠幅的详细测量（党晓宏等，2011）。首先需要详细调查，然后在 5 年、10 年、15 年和 20 年 4 个不同的生长阶段中，选择每个阶段各 3 株标准木来伐倒。接着对树枝、根系和叶片等器官进行烘干处理。通过称量法来测定植物的生物量，确定各器官的生物量后，测定各器官的碳含量比例，最终估算其固定碳量。最后依据固定碳量、造林面积以及林地类型等因素来评估植物的碳储存能力。根据密度的不同，计算各个造林区林木在相同年龄时的固定碳储量。

2.3.2.2 草原碳汇估算

针对草原生态系统，国内外许多研究通过对草原植被以及土壤的碳汇能力进行了分析研究。国外对草地植被碳储量研究起步较早，已有研究表明全球草原的碳储量为 7610×10^8t，约占陆地生态系统总碳储量的 15.2%（Ajtay et al.，1979）。因环境、草地类型、植物种类不同，结果也出现较大的差异。我国植被碳储量的研究起步较晚，从 21 世纪起逐步增多，研究地点主要集中在内蒙古高原、三江平原、新疆山地、青藏高原等地。许多学者采用区域+随机抽样模式，设置野外样本基地监测，基于草原普查资料和根茎比，估算了全国草原植被的碳储量（方精云等，2015a）。而针对甘肃省甘南藏族自治州地区草原，有学者通过构建随机森林模型、CASA 模型、MOD17A3 产品数据集等多种方法进行净初级生产力（NPP）估算，分析了该州天然草原植被碳储量及其年际动态变化特征（孟新月，2023）。而国内对草原土壤碳储量的主要研究方法有植物类型法、土壤类型法、模型法等。也有研究由于数据来源与估算方法、土壤砾石含量、土壤容重等参数的不同，得到的草原土壤碳库的大小存在差异。

2.3.2.3 耕地碳汇估算

当前耕地碳汇能力评价主要从种植业碳汇和土壤碳汇两方面开展研究。

（1）种植业碳汇能力评价

种植业碳汇能力评价方法主要有参数估算法、遥感资料反演法和环境参数模型法等。

1）参数估算法。该方法主要是根据农作物的产量通过一定的转换公式计算其碳储量。其优点是简单易算，缺点是经济产量是通过统计年鉴获得的，其中的农作物产量数值通过层层汇报最终编制到统计年鉴中，可能会出现数据出错等问题。而且各学者一般直接从他人文献中引用计算碳汇量所需的经济系数、含水量和碳吸收率，并没有实验测得对应研究区的各作物的参数。过往有很多学者用该方法对某片区域的种植业碳源（碳汇）能力进行测算，其中有学者利用统计数据，对沿海省份耕地碳汇进行了估算，结果显示耕地的碳排放明显小于碳吸收，沿海地区净碳汇量在1981—2000年的时间里增长了近20%（赵荣钦等，2007）。之后有更多学者用该方法以省域或市域为范围来研究种植业碳汇。研究区域多集中在沿海地区、华北地区和西北地区。

2）遥感资料反演法。该方法主要从遥感数据中构建提取相应的指标并与植被生物量进行统计回归，然后与碳含量相乘，得到农作物的碳汇能力。该方法需要实地测量数据，能起到验证的作用；缺点是该方法受转化系数的影响。该方法多应用在森林、草原等土地类型上。部分学者借助遥感数据，提取了归一化植被指数（NDVI），进行回归，得出1988—1999年中国农作物碳库增加1.9×10^8t（方精云等，2007）。随着遥感技术和传感器的发展，遥感数据所能提供的信息越来越多。相比于传统农作物碳汇参数估算方法，有学者借助GEE云计算平台使用多方法估算了安义峤岭省级自然保护区的森林碳储量（付玉营，2023）。

3）环境参数模型法。该方法利用环境因子与陆地植被生产力之间的关系，建立模型，间接推算陆地植被生物量和碳储量变化。优点是考虑人为因素的影响；缺点是模型可能较为复杂。

（2）土壤碳汇能力评价

针对土壤碳汇能力评价方法主要有土壤类型法、生命地带类型法、模型估算法、相关关系统计法、GIS估算法、基于遥感的土壤估算法等。

1）土壤类型法。该方法主要是将某研究区的土壤根据不同的土壤类型进行划分，然后根据剖面数据计算某类型的碳含量，接着将碳含量乘以相应的面积，计算出某类型的碳储量，最后将研究区所有土壤类型的碳含量相加，即为总体土壤碳储量。该方法应用较广，是相较成熟的方法，但缺点是精度较低（吴乐知，2010）。早在1976年，部分学者就用该方法估算全球土壤有机碳储量。国内的部分学者根据第二次全国土壤普查数据应用该方法计算我国20cm厚度和100cm厚度土壤碳储量（解宪丽等，2004）。该方法是个较为粗略的方法，可以对某区域土壤碳储量进行初步计算，缺点是精度较低，只能反映某一特定时间的土壤碳储量，如果想进行一段时间的比较，还需要重新测量土壤的相应数据，耗时较长，更新速度慢。

2）生命地带类型法。该方法是根据植被类型、生态系统类型等来对某一区域土壤分类，然后再用分类面积乘以相应的土壤碳密度来计算土壤碳汇。该方法的计算过程与土壤类型法较为相似，但不考虑土壤除碳密度外的其他性质。

3）模型估算法。该方法主要通过模拟机理机制来对某区域的土壤有机碳含量进行估算，模型种类有Century模型、DNDC模型和Soil-C模型等。优点是可以熟悉了解碳的循环过程，也考虑了人为因素；缺点是模型较为复杂，所需数据较多，参数为直接引用。国外有学者认为模型估算法在远离土壤有机碳饱和点时才能较好地模拟碳循环过程（West et al.，2007）。也有学者基于我国1990年的气象、土壤理化性质、作物管理数据，利用DNDC模型对我国农业土壤进行了全国范围的有机碳动态预测，结果显示中国耕地土壤每年会丢失7380×10^4t的碳（李长生，2004）。也有很多学者用模型估算法研究不同农业措施对耕地土壤有机碳的影响，用DNDC模型研究施肥和秸秆还田两个措施对耕地土壤有机碳的影响（马子钰，2023）。

4）相关关系统计法。该方法是通过构建土壤有机碳和其他影响因子的相关关系来估算土壤有机碳储量。该方法需要实测数据进行检验。优点是考虑了多种因素对土壤有机碳的影响；缺点是该方法并不能从机理上解释碳汇的过程。

5）GIS 估算法。该方法利用地理信息系统软件完成。首先需要构建土壤属性数据库，然后使用不同的方法对区域内的土壤有机碳密度进行估算，最后对土壤有机碳储量估算。优点是利用实测数据，可以进行较大区域尺度的估算；缺点是要求较多的实测数据，如容重、砾土比例等。最初，有学者用该方法对全国的土壤有机碳库进行计算（解宪丽等，2004）。之后有更多学者采用多种方法得到土壤有机碳密度图，用克里金最优插值法对天水市的土壤有机碳插值（陈芳，2009；陈芳等，2009），也有采用回归-克里金方法进行插值（张钰清等，2024），接着按照中国地质调查局提出的土壤碳储量计算方法在 GIS 软件上进行计算。

6）基于遥感的土壤估算法。由于土壤表面大多有植物覆盖，因此较难直接用遥感数据对土壤有机碳进行估算，但不同的指数在不同的地物类型上表现不同，因此可以通过构建指数来对土壤有机碳进行估算。优点是引入了遥感中的波段发射率、植被指数；缺点是不能从机理上解释碳汇的过程。

2.3.2.4　海洋碳汇估算

海洋碳汇在国内研究起步较晚，当前的研究仍以海洋生境、海洋生态系统为主体的海岸带碳汇研究为主，还停留在对海洋碳汇的认识阶段，研究不够深入。对海洋碳汇的估算及其碳汇能力的评价方面的研究较少，尚未形成碳汇的核算体系或标准。其中，许多学者仍是通过部分陆地生态系统碳汇的核算方法，通过碳储量、碳存量类比核算海洋碳汇。随着海洋碳汇的发展，也有许多研究认为陆地生态系统与海洋生态系统差异显著，海洋生态系统除海岸带外，还有广阔的海洋水体，不应该与陆地生态系统一概而论。尽管海洋中滨海湿地生态系统占比较少，仅为 0.2%，其吸收的碳沉积物占比却是总碳沉积物的一半左右。其中，大量碳储存在植被和土壤之中。许多学者以红树林为例测算出红树林的碳储量和碳汇能力，如利用红树林胸径估算出生物量（武高洁等，2013）；或通过异速生长方程法和遥感反演法测算出植被的碳储量，利用植被的净初级生产力和土壤呼吸消耗来测算出红树林湿地的碳汇能力（张莉等，2013）；或通过利用生物量碳密度、地被层碳密度和土壤碳密度，测算出红树林碳汇潜力，并与不同地区的红树林碳汇潜力进行了比较（徐州，2024）。此外，海水养殖碳汇也是构成海洋碳汇中的重要部分。海水养殖碳汇主要集中在贝藻类，其具有周期短、灵活性强、碳汇潜力易于核算等特点。有学者对广东省海水养殖碳汇进行了估算，研究对象主要是海水养殖贝藻类（杜海龙，2023）。同样，还有部分学者运用回归模型对海水养殖贝藻类含碳量进行测算，并进一步预测出全国和福建省海水养殖的碳汇潜力（张麋鸣等，2022）。此外，有学者将海洋碳汇区分为贝藻类养殖碳汇和滨海湿地碳汇两部分进行了估算。综合来看，当前针对海洋碳汇能力评价的研究主要从以贝藻类为主的海水养殖碳汇和以红树林、海草床、盐沼为主的海岸带滨海湿地碳汇等开展，以海洋初级生产力指标来衡量（过梦倩等，2024）。海洋初级生产力是指海洋中的浮游植物、底栖植物以及自养细菌等生产者通过光合作用制造有机物的能力。目前，国内外用于计算海洋初级生产力的方法有叶绿素同化指数法、^{14}C 示踪法和卫星遥感反演法等 3 种方法，也有学者综合上述 3 种测算方法，利用初级生产力测算出了盐田区近岸海域浮游植物固碳能力（褚艳玲等，2022）。

2.3.2.5 湿地碳汇估算

湿地类型多样，主要有沼泽湿地、河口三角洲湿地、滨海湿地、湖泊湿地、红树林湿地等。不同类型的湿地固碳量不同，同一类型的湿地在碳储量的分布上也存在着空间上的差异。目前主要有以下几种方法对湿地碳汇进行评估。①实地勘察法。需要对湿地进行详细的采样和分析，并分析土壤有机碳含量。对于湿地，一般可采用森林、草原生物量的研究方法进行地上生物碳储量分析。②遥感估算法。是一种利用卫星遥感技术进行大范围地上生物量估算的方法，具有数据获取便利、范围广和时间长的特点。这种技术在森林、草原的碳储量计算方面被广泛应用，但在湿地研究方面应用较少。③模型估算法。是利用生物地理化学模型，以野外实测数据为基础，对大气、植被、土壤之间的碳通量进行分析。此外，箱法、涡度协方差法等微气象学法已广泛应用于各尺度的多种生态系统，但由于湿地类别繁多，植物高度不同，因此仪器设置高度应该根据实地情况进行调整，不能简单地套用森林或草原的方法。

我国目前对于湿地生态系统碳储量和通量的研究相对较少，考虑到湿地的易变性和脆弱性，碳汇计量方法应当以微气象学法为主，实地勘察法为辅，并且针对湿地碳通量进行多尺度、广范围的研究，避免局限性。较早，在湿地碳量的测算中，在陆地生态系统碳汇测算的基础上，通过湿地有机碳储量和湿地植被覆盖面积以及湿地相关生物量，估算湿地生态系统的碳汇能力（单永娟等，2015）。也有学者在尝试构建海平面上升等全球变化背景下的滨海湿地碳储量评估模型时，对未来沿海湿地碳汇损失进行了更有根据的宏观预测（Spencer et al.，2016）。近年，部分学者通过对湿地碳排放、碳汇测量与均衡，采取先分解后加总的方法对宁夏回族自治区湿地碳汇进行了估算（史舸，2024）。更有其他学者提出湿地植被碳储量评估的方法可以分为 3 类：直接测量法、间接测量法和模型法（洪杉杉等，2024）。其中，直接测量法简单易行，适用于群落尺度或样方尺度等小面积区域碳储量评估估算结果，精度较高；间接测量法主要借助遥感技术；模型法主要通过对植被生态与环境的作用进行碳汇过程模拟。也有学者提出，相较于过程模型，光能利用效率模型原理简单清楚，应用也更为广泛（崔林林等，2020）。除此之外，还有学者主要通过植被的净初级生产力来表征湿地生态系统的碳汇能力，并进一步讨论了人工湿地的碳汇功能（周文昌等，2023）。

2.3.3 碳汇潜力预测方法研究

在过去十几年中，有关碳汇潜力的研究逐渐成为国内外关注的热点问题。合理评估碳汇潜力，能够为国家及地方政府在加速“双碳”目标实现过程中制定决策等方面提供理论基础。

目前关于碳汇潜力相关预测处在探索过程中，对研究方法的模型存在较大的不确定性。从国际研究情况来看，部分学者采用 HADCM2SUL 和 CGCMI 两种全球气候模型进行预测，一些学者针对美国不同地区碳汇潜力进行预测，尤其是对降水量和温度的变化敏感的地区进行预测。部分学者选用 CBM-CFS3 模型，预测在不同自然干扰和采伐率的共同作用下的区域碳汇潜力。从国内研究情况来看，学者结合全球林产品模型（GFPM）以及联合国政府间气候变化专门委员会（IPCC）碳汇估计方法，模拟中国森林碳库在“经济增长率调整”“碳交易”和“林业改革”3类不同发展情景下的动态变化（姜霞，2016）。另外，有学者模拟研究福建省不同采伐方式下原有森林生态系统以及无林地区造林后的碳汇潜力变动情况（吕劲文等，2010）。也有部分学者基于省际地类间的转变矩阵，预测了未来年份的土地利用与土地覆盖变计划（LUCC），从而估算碳汇潜力。同时，部分学者使用适用于中国的GAINS在线模型中的Asia子模块，模拟联合国政府间气候变化专门委员会（IPCC）第六次评估报告（AR6）情景下的能源二氧化碳排放量，并对未来进行预测。也有部分国外学者采用相关模拟方法，考虑人为活动、气候、林龄、火灾等多种因素，研究碳汇功能。有些学者将由造林引起的地表反射率变化等因素转化为当地森林的碳储量，以探讨温带和北方森林地区的固碳潜力。在模型应用方面，针对森林固碳潜力的研究，主要采用了定性分析、假设法和模型预测法3种研究方法。此外，全球林产品模型（GFPM）、GM(1,1)灰色预测模型、Logistic回归预测模型、CO2FIX模型以及多元回归预测模型等模型，由于精度高，也常被学者用来进行预测碳汇潜力。

2.3.4 研究评述

综合近年来的研究总结可以发现，我国碳汇方面的研究还有许多不足。很多研究都只是对于生态系统的组成部分进行研究，整体性、系统性的研究较少。此外，针对碳汇能力评价的研究不够深入，除森林生态系统外，其他类型生态系统的碳汇研究浮于表面，也未形成体系。对于碳汇潜力预测评价等更为深入具体的研究也有一些方面没有涉及，借鉴尚杰等（2019）的观点“现有的研究多是对农业碳源与碳汇进行测算，关于净碳汇的测算相对较少，对种植业的相关研究就更少”来思考，现阶段的生态系统碳汇研究存在类似问题。此外许多测算方法、评价体系不甚健全，现存已知的计算方法或数据不能保证其准确性。现阶段的研究区域局限性也较大，河北省的相关研究亦是如此，其有关的文献研究同样较少。此外，当前很多文献比较注重概念或是测算，对我国现阶段相关政策的关注亟待加强。

随着气候变化应对政策的实施，各省份关于碳汇领域的研究和政策部署都在如火如荼地进行，但河北省关于碳汇领域的研究仅集中在河北省海水养殖贝类与藻类的碳汇能力（李昂等，2013）和林业固碳（尤海舟等，2017）及碳汇市场机制研究（何树臣等，2017）等方面，关于河北省碳汇能力的研究还处于起步阶段。河北省生态系统丰富多样，包括森林、草原、耕地、海洋、湿地等。在“双碳”目标背景下，若仅从海洋渔业和林业两个方面进行研究不足以支撑省域碳汇领域的研究，河北省亟须全面系统地对省内生态系统的碳汇能力进行评价。

第 3 章　河北省各类自然资源时空分布状况

3.1　河北省森林资源时空分布状况

3.1.1　时序变动情况

根据每 5 年进行一次的全国森林资源清查数据，可以查到河北省 1973—1976 年森林面积为 202.00×10^4hm^2，2021 年增长到 460.52×10^4hm^2，森林覆盖率由 10.80% 增长到 24.41%。经过 40 多年的变化，森林面积和覆盖率均显著提升，森林面积年均增长 5.39×10^4hm^2，覆盖率年均增长 0.28 个百分点（图 3.1、图 3.2）。

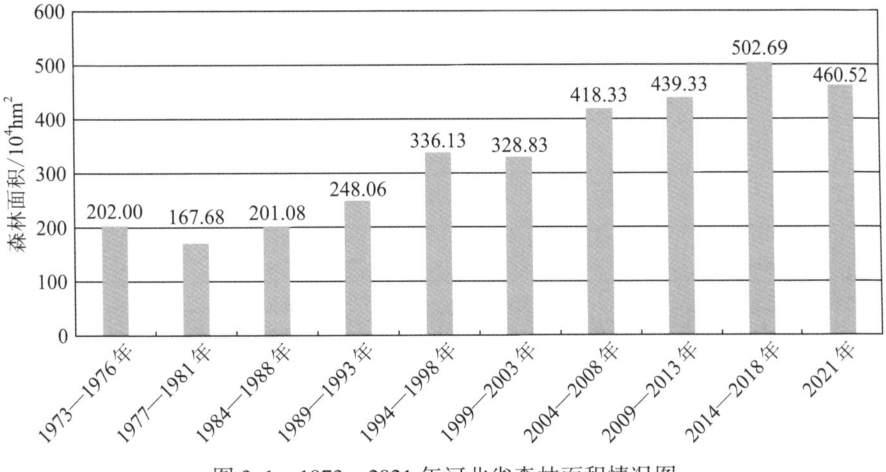

图 3.1　1973—2021 年河北省森林面积情况图

（据国家林业局，2014；国家林业和草原局，2023）

由于全国森林普查资料里没有细分到河北省各地区数据，因此参考武汉大学杨杰、黄昕在 Google Earth Engine 数据处理的土地覆盖数据集（Yang et al.，2021），将 1990 年、1995 年、2000 年、2005 年、2010 年、2015 年、2020 年 7 期全国土地利用数据以河北省各市行政区域为掩膜提取后进行统计分析，得到 1990—2020 年河北省各市森林面积及占比情况（表 3.1）。

《河北省森林资源调查报告（2015—2018）》中数据显示，截至 2018 年底，河北省林地面积 854.80×10^4hm^2。其中：乔木林地 492.68×10^4hm^2，占 57.64%；疏林地 7.69×10^4hm^2，占 0.90%；灌木林地 142.68×10^4hm^2，占 16.69%；未成林地 43.20×10^4hm^2，占 5.05%；苗圃地 12.62×10^4hm^2，占 1.48%；宜林地 155.93×10^4hm^2，占 18.24%（图 3.3）。

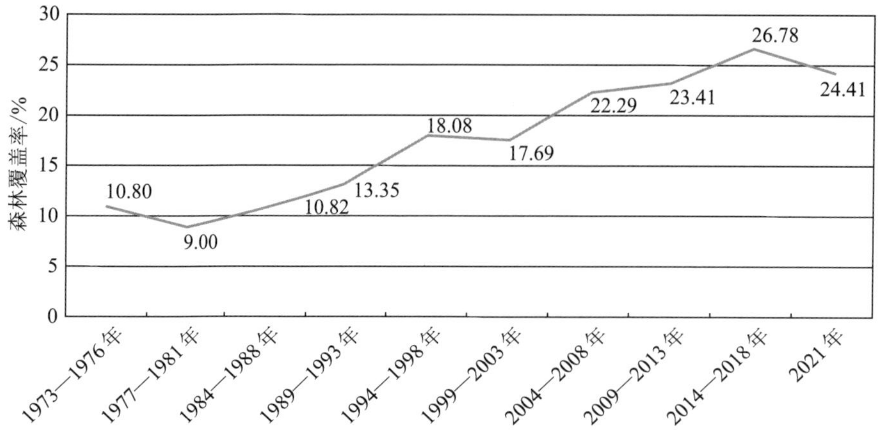

图 3.2　1973—2021 年河北省森林覆盖率情况图

（据国家林业局，2014；国家林业和草原局，2023）

表 3.1　1990—2020 年河北省各市森林面积及占比情况表

行政区域	1990 年面积/km^2（占比/%）	1995 年面积/km^2（占比/%）	2000 年面积/km^2（占比/%）	2005 年面积/km^2（占比/%）	2010 年面积/km^2（占比/%）	2015 年面积/km^2（占比/%）	2020 年面积/km^2（占比/%）
石家庄市	1981.89（14.11）	2089.42（14.86）	2198.53（15.64）	2392.78（17.02）	2591.53（18.43）	2593.87（18.45）	2608.45（18.55）
唐山市	1336.69（9.86）	1299.09（9.58）	1391.86（10.26）	1399.61（10.32）	1424.76（10.51）	1403.70（10.35）	1187.10（8.75）
秦皇岛市	2607.44（33.56）	2780.96（35.8）	2852.62（36.71）	2823.63（36.34）	2947.73（37.94）	3013.86（38.79）	2961.07（38.11）
邯郸市	857.82（7.11）	889.42（7.37）	911.82（7.55）	998.25（8.27）	1007.11（8.34）	1021.50（8.46）	1027.27（0.85）
邢台市	948.84（7.63）	991.80（7.97）	1078.99（8.67）	1195.84（9.61）	1223.56（9.83）	1224.47（9.84）	1224.56（9.84）
保定市	4164.75（18.77）	4411.86（19.88）	4467.77（20.13）	4730.65（21.32）	4870.19（21.95）	4994.38（22.51）	5122.25（23.08）
张家口市	4914.21（13.36）	5551.27（15.10）	5627.18（15.30）	5848.80（15.91）	6055.49（16.47）	6520.98（17.73）	7243.46（19.70）
承德市	19393.76（49.16）	20494.83（51.95）	21217.22（53.78）	21998.80（55.76）	22745.36（57.65）	23618.98（59.86）	24098.86（61.08）
沧州市	3.92（0.03）	1.81（0.01）	0.20（0.00）	0.10（0.00）	1.45（0.01）	1.73（0.01）	4.48（0.03）
廊坊市	17.04（0.27）	16.92（0.26）	17.04（0.27）	14.83（0.23）	14.58（0.23）	16.11（0.25）	24.62（0.38）
衡水市	1.02（0.01）	0.23（0.00）	0.15（0.00）	0.12（0.00）	1.98（0.02）	1.04（0.01）	0.98（0.01）
总计	36227.38	38527.61	39763.38	41403.41	42883.74	44410.62	45503.10

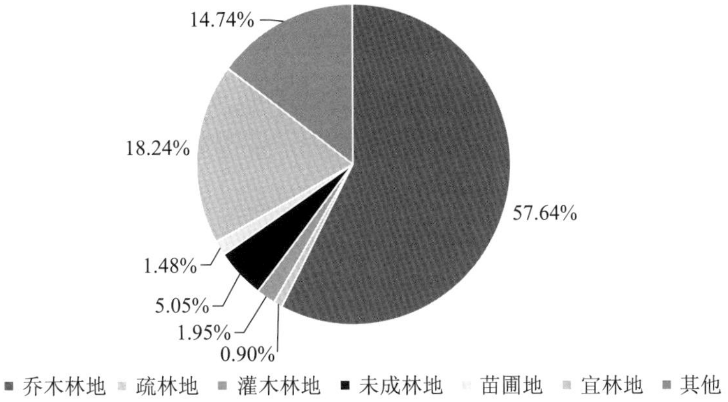

图 3.3　各类林地面积占比

森林按照起源可划分为天然林和人工林。其中：天然林面积 343.19×10⁴hm²，人工林面积 306.43×10⁴hm²。图 3.4 为森林起源占比，其中：乔木林比例最高，天然乔木林占总面积的 32.04%，人工乔木林占总面积的 44.81%。

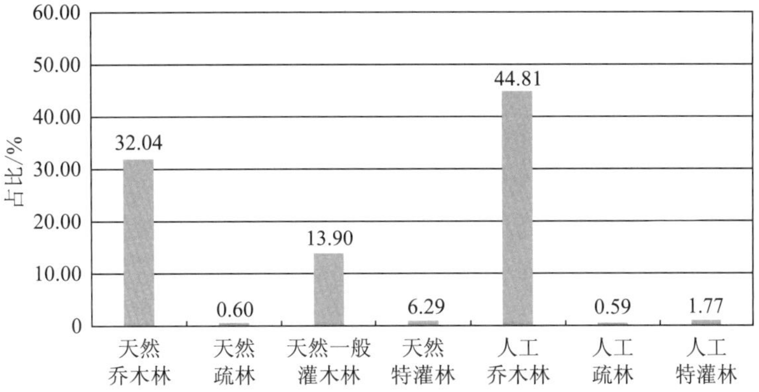

图 3.4　森林起源占比示意图

3.1.2　空间分布情况

2021 年，承德市和张家口市的森林面积均在 134×10^4hm² 以上，占全省森林总面积的 42% 和 21%；其次是保定市，森林面积达到 74.4×10^4hm²；然后是石家庄市、秦皇岛市、邢台市、邯郸市，森林面积在 $16.74\times10^4\sim38.92\times10^4$hm² 范围内。森林面积较低的市有唐山市、沧州市、廊坊市、衡水市。

3.1.3　时空演化特征

从数据上显示，2009—2021 年森林面积增长排名前 3 的是：①保定市，增加了 48.9×10^4hm²；②承德市，增加了 32.92×10^4hm²；③张家口市，增加了 24.58 万 hm²。衡水、秦皇岛市的增加面积较少，仅增加了 5 万多公顷。

3.1.4　案例介绍 1：河北省塞罕坝国家森林公园

河北省加大了各类保护地的建设，包括森林公园、自然保护区、风景名胜区、湿地公园、国家级沙漠公园和地质公园等。全省建设了 105 处森林公园，总面积达 780 万亩[1]；自然保护区 41 处，面积 1027 万亩；风景名胜区 51 个，面积 849 万亩；湿地公园 58 处，面积 131 万亩。其中，塞罕坝国家森林公园是中国北方的一颗绿色明珠。该公园不仅是一个重要的生态保护区，也是中国最大的人工林场之一，具有丰富的自然景观和深厚的文化历史。

地理位置：河北省塞罕坝国家森林公园位于河北省承德市围场满族蒙古族自治县（以下简称“围场县”）北部，北邻内蒙古自治区赤峰市克什克腾旗，地理坐标为东经 116°53′~117°55′、北纬 42°05′~42°37′。南与河北省御道口牧场接壤，西南以蹶尾巴河、羊肠子河为界；北与内蒙古自治区克什克腾旗以吐力根河为界，东北与围场县红松洼牧场接壤；西与内蒙古自治区多伦县毗邻；东与围场县姜家店乡、宝元栈乡、哈里哈乡和大唤起乡交错接壤，平均海拔 1500m，是清代皇家猎苑——木兰围场的一部分。

森林状况：该公园总经营面积 $9.4\times10^4hm^2$，其中以落叶松人工林和天然白桦林为主的风景林面积 $7.1\times10^4hm^2$（森林覆盖率达到 75.5%），草原面积 $1.5\times10^4hm^2$。与建场初相比，塞罕坝林地面积由 24 万亩增加到现在的 115.1 万亩，森林覆盖率由 11.4% 提高到现在的 82.0%，林木蓄积由 $33.0\times10^4m^3$ 增加到现在的 $1036.8\times10^4m^3$，林场湿地面积 10.3 万亩。塞罕坝森林的质量非常高，单位面积林木蓄积量达到全国人工林平均水平的 2.76 倍、全国森林平均水平的 1.58 倍、世界森林平均水平的 1.23 倍。塞罕坝森林的树种非常丰富，包括落叶松、樟子松、云杉、白桦、稠李、柞树、水曲柳、五角枫、花楸、蓝靛果、小檗等，营造了针阔混交、色彩层次丰富的异龄复层混交林，逐步使林分达到近自然状态。森林湿地资产总价值 231.2 亿元，每年涵养水源 $2.84\times10^8m^3$，固定二氧化碳 86.03×10^4t，提供生态系统服务价值达 155.9 亿元，为京津冀筑起了一道牢固的绿色生态屏障。

未来展望：在塞罕坝精神宣传教育、森林草原“防火墙”、森林资源培育与质量提升、基础设施补短板等八大工程各项重点任务已基本完成并取得显著成效的基础上，2024 年塞罕坝又开启了“二次创业”高质量发展新征程。塞罕坝计划到 2030 年森林面积达到 120 万亩，到 2035 年森林覆盖率提高到 86%，森林湿地资产总价值达 260 亿元，打造全球生态文明和绿色发展示范区，进一步健全生态产品价值实现机制，拓宽“两山”转化路径，提升森林“四库”功能，不断构建创新引领、数字赋能、生态提质、资源增效发展新格局。

3.1.5 案例介绍 2：河北省黄羊山国家森林公园

河北省黄羊山国家森林公园，一个镶嵌在燕山余脉的绿色宝石，以其独特的地理位置、丰富的自然资源和卓越的生态价值，成为河北省乃至华北地区的生态瑰宝。

地理位置与范围：黄羊山国家森林公园坐落于河北省张家口市涿鹿县城西北 5km 处，地理坐标为东经 114°56′~115°30′、北纬 39°40′~40°29′。公园占地面积 $2107hm^2$，其中林地面积达到 $1700hm^2$（国家重点防护林面积为 $1200hm^2$），是河北省重要的生态屏障。

---

[1] 1 亩 = $666.\dot{6}m^2$。

地形地貌特征：黄羊山国家森林公园地形起伏，最高海拔达到1563m，主要由燕山余脉构成。土壤以褐土类为主，分为淋溶褐土和碳酸盐褐土两个亚类，成土母质为碳酸盐坡积物，为森林的生长提供了肥沃的基础。

气候条件：黄羊山国家森林公园所在的涿鹿县，属于温带半干旱大陆性季风气候区。这里气候多变，四季分明，光照充足但热量较少。年平均降水量为372.7mm，年平均日照时数为2875h，年平均温度为9.1℃，为多样生物的栖息提供了适宜的环境。

森林覆盖与植物资源：黄羊山国家森林公园的森林覆盖率高达80%，是一个生物多样性极为丰富的区域。公园内共有乔木84科、339属、674种，灌木15科、41属、168种，草本45科、62属、891种。主要植物包括油松、落叶松、侧柏、桧柏、云杉、桦、栎、山杨、椴、枫、黄栌、山杏等，构成了一个多层次、复合式的森林生态系统。

动物资源：黄羊山国家森林公园不仅是植物的宝库，也是野生动物的乐园。这里生活着野生陆生脊椎动物42种、鸟类185种。包括中国林蛙、黄纹石龙子、山地麻蜥、双斑锦蛇等爬行动物，以及苍鹰、雀鹰、白尾鹞、鹊鹞、白肩雕、金雕等鸟类，其中不乏国家一级和国家二级保护动物。

生态价值与保护：黄羊山国家森林公园的生态价值不言而喻。它不仅为京津冀地区提供了重要的生态服务，如水源涵养、土壤保持、空气净化等，还是生物多样性的宝库。该公园在1992年被批准为省级森林公园，2004年晋升为国家级森林公园，2007年被评为AAAA级森林公园。这些荣誉见证了其在生态保护方面的卓越成就。

基础建设与旅游发展：为了更好地保护和利用这一自然资源，黄羊山国家森林公园进行了一系列的基础建设。2011年，黄羊山景区主体仿汉大门等综合开发一期工程开工建设，为游客提供了更加便利和舒适的游览环境。

未来展望：面向未来，黄羊山国家森林公园将继续坚持可持续发展的理念，加强生态保护，合理开发旅游资源，提高公园的知名度和吸引力，为推动地方经济发展和生态文明建设做出更大的贡献。

3.2 河北省草原资源时空分布状况

草原生态系统在全球范围内分布范围广，约占陆地总面积的25%。草原生态系统碳储量占陆地生态系统总碳储量的20%，大气中的二氧化碳有很大一部分是被草原地上植被通过光合作用所固定。草原生态系统作为陆地中面积最大的生态系统，在防风固沙的同时具有巨大的固碳潜力，在减缓和适应气候变化方面有重要作用。

3.2.1 时序变动情况

基于武汉大学杨杰、黄昕在Google Earth Engine数据处理的土地覆盖数据集（Yang et al.，2021），将1990年、1995年、2000年、2005年、2010年、2015年、2020年7期全国土地利用数据以河北省各市行政区域为掩膜提取后进行统计分析，得到1990—2020年河北省各市草原面积及占比情况（表3.2）。

表 3.2　1990—2020 年河北省各市草原面积及占比情况表

行政区域	1990 年 面积/km^2 （占比/%）	1995 年 面积/km^2 （占比/%）	2000 年 面积/km^2 （占比/%）	2005 年 面积/km^2 （占比/%）	2010 年 面积/km^2 （占比/%）	2015 年 面积/km^2 （占比/%）	2020 年 面积/km^2 （占比/%）
石家庄市	1978.38 (5.29)	2085.93 (5.85)	2007.08 (5.57)	1665.06 (4.63)	1444.87 (4.05)	1342.09 (3.91)	1187.05 (3.75)
唐山市	420.66 (1.13)	387.86 (1.09)	309.40 (0.86)	281.60 (0.78)	281.88 (0.79)	267.47 (0.78)	265.03 (0.84)
秦皇岛市	820.77 (2.19)	725.31 (2.03)	620.32 (1.72)	592.47 (1.65)	589.17 (1.65)	462.93 (1.35)	447.06 (1.41)
邯郸市	1051.77 (2.81)	1125.91 (3.16)	1189.03 (3.30)	1067.54 (2.97)	1065.49 (2.98)	1006.77 (2.93)	995.88 (3.15)
邢台市	864.29 (2.31)	954.61 (2.68)	904.58 (2.51)	770.46 (2.14)	746.21 (2.09)	660.89 (1.93)	691.34 (2.18)
保定市	4387.80 (11.73)	4225.66 (11.84)	4131.68 (11.48)	3961.03 (11.01)	3754.98 (10.52)	3647.41 (10.63)	3315.97 (10.48)
张家口市	15398.29 (41.17)	14898.93 (41.76)	15740.77 (43.72)	17026.13 (47.34)	17490.51 (49.00)	17600.86 (51.29)	16364.50 (51.71)
承德市	12439.88 (33.26)	11249.30 (31.53)	11088.86 (30.80)	10594.01 (29.45)	10314.99 (28.89)	9318.01 (27.15)	8375.12 (26.46)
沧州市	23.91 (0.06)	4.97 (0.01)	1.75 (0.00)	0.52 (0.00)	0.41 (0.00)	0.11 (0.00)	0.05 (0.00)
廊坊市	15.56 (0.04)	14.21 (0.04)	12.68 (0.04)	10.45 (0.03)	9.69 (0.03)	9.91 (0.03)	6.65 (0.02)
衡水市	4.95 (0.01)	3.31 (0.01)	0.63 (0.00)	0.22 (0.00)	0.47 (0.00)	0.20 (0.00)	0.06 (0.00)
总计	37406.26 (100.00)	35676.00 (100.00)	36006.78 (100.00)	35969.49 (100.00)	35698.67 (100.00)	34316.65 (100.00)	31648.71 (100.00)

由表 3.2 可以看出，1990—2020 年间，河北省草原面积整体呈下降趋势，由 37406.26km^2 减少到 31648.71km^2，草原面积共减少 5757.55km^2。其中草原面积降幅较大的期间为 2015—2020 年、1990—1995 年和 2010—2015 年，分别下降了 2667.94km^2、1730.26km^2、1382.02km^2。分区来看，变化较为明显的为张家口市，尽管全省草原面积下降但张家口市草地面积整体呈增加趋势，其草原面积 30 年间由 1990 年的 15398.29km^2 增加到 2020 年的 16364.50km^2，其中 2015 年草原面积达到峰值，为 17600.86km^2。除张家口市外，其他各市草原面积均有不同程度的下降，其中降幅最多的为承德市和保定市，草原面积分别减少了 4064.76km^2、1071.83km^2。究其原因，一方面，可能是由于 1990—2020 年间人类活动对草原面积影响较大，人工植树造林或城市扩张等人类活动使得草原面积被挤占；另一方面，可能是过度放牧、土地沙化等严重问题导致草原退化，使得草原面积减少。

3.2.2 空间分布情况

河北省草原资源丰富，其处于温带欧亚草原地带与森林过渡地带，具有面积大、分布范围广等特征。河北省草原主要分为高原干草原类、高原草甸草原类、山地干草原类、山地草原草甸类、山地灌木草丛类、山地丘陵草丛类、低湿地草甸类、滨海滩涂草甸类、草本沼泽类等 9 类。草原资源主要分布于河北省西部太行山脉和北部燕山地区，集中分布于张家口市、承德市和保定市 3 市，张家口市草原面积占比最多，约为河北省草地资源的 50%。其次为承德市、保定市，3 市草地面积占河北省草原面积超过 85%。

3.2.3 时空演化特征

为深入了解河北省草原资源时空变化情况，本研究基于 7 期土地覆盖数据集进行重分类，将河北省自然资源具体分为耕地、林地、草原、水域、建设用地、未利用地 6 种地类。1990—2020 年草原资源数量转移变化见表 3.3。1990—2020 年间河北省草原资源变动主要体现在草原向森林、耕地、建设用地的转移，且部分耕地和林地向草原资源转移。

表 3.3 1990—2020 年草原资源数量转移变化表 单位：km^2

初期地类	末期地类	1990—2000 年转移面积	2000—2010 年转移面积	2010—2020 年转移面积
草原	耕地	1950. 36	2134. 71	2942. 21
草原	森林	3299. 79	2616. 94	3609. 33
草原	水域	31. 10	6. 57	10. 50
草原	建设用地	95. 08	155. 77	222. 71
草原	未利用地	17. 29	20. 24	7. 95
耕地	草原	3740. 60	4459. 98	2542. 42
森林	草原	228. 92	134. 19	177. 82
水域	草原	9. 30	21. 06	7. 04
建设用地	草原	0. 42	0. 02	0. 71
未利用地	草原	13. 91	10. 76	13. 91

由表 3.3 可知，1990—2000 年间草原向森林转移 3299. 79km^2，向耕地转移 1950. 36km^2，草原向其他地类转移面积数量不大。从其他地类向草原的转换来看，耕地向草原转移面积更大，为 3740. 60km^2，这一地类转移在一定程度上抵消了草原向耕地、林地等转移减少的面积。其他年份地类转移与 1990—2000 年间变化趋势基本一致，但变化幅度更大。值得关注的是，草原向建设用地转移面积逐步增加，转移面积 1990—2000 年期间为 95. 08km^2，2010—2020 年期间逐步增加到 222. 71km^2。

3.3 河北省耕地资源时空分布状况

3.3.1 时序变动情况

河北省地处中国的华北地区，地理坐标为东经 113°27′~119°50′、北纬 36°05′~42°40′。

西有太行山脉，北有燕山山脉和坝上高原，地势西北高、东南低。全省面积为 18.88×10^4km^2。气候为温带大陆性气候，典型耕种制度为冬小麦-夏玉米，主要农作物为小麦、玉米、大豆、棉花等。近年来河北省经济快速发展，耕地面积减少十分明显。

本书利用 ArcGIS 软件对 5 个时相（即 2000 年、2005 年、2010 年、2015 年和 2020 年）的河北省耕地面积进行估算，基础数据为武汉大学杨杰和黄昕的 CLCD 数据（即土地利用类型栅格数据）（Yang et al.，2021）。该方法利用属性表的字段计算器进行计算，用像元面积大小乘以相应年份的耕地像元个数即可得对应年份的河北省耕地的面积。该方式计算出来的耕地面积相较于《河北农村统计年鉴》上的耕地面积数据，更具客观性和时效性。从图 3.5 中可以清晰地看出 2000—2020 年中河北省耕地面积逐渐下降的趋势，2000—2015 年耕地面积下降显著，总共下降了 9080.97km^2。2015 年和 2020 年的耕地面积相差不大，分别为 84010.42km^2 和 83941.91km^2。

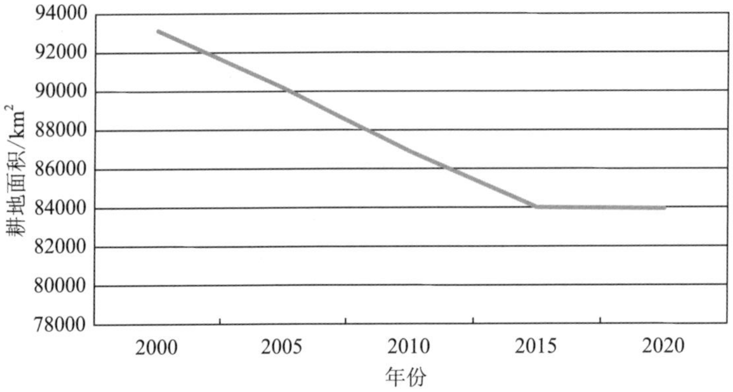

图 3.5　2000—2020 年河北省耕地面积变化图

（据 Yang et al.，2021）

接着利用地理信息系统软件，使用其中的 Spatial Analyst Tools 的合并功能制作土地利用转移矩阵，得到表 3.4 中数据。从表 3.4 中可以看出，虽然每年耕地既有转入也有转出，但在 2000—2020 年耕地面积总体呈下降趋势，耕地转出最多的地类是不透水地和草原，净转移面积分别为 7038km^2 和 1708km^2。

表 3.4　2000—2020 年河北省耕地净转移面积情况表　　单位：km^2

年份	森林	灌木	草原	水体	冰雪	裸地	不透水地	湿地	总和
2000—2010 年	682	0.44	2329	74	0	−6	3124	0	6203.44
2010—2020 年	−703	0	−396	136	0	−4	3912	0	2945.00
2000—2020 年	184	0.53	1708	221	0	−4.63	7038	0	9146.90

注：负值表示由其他地类转入至耕地，正值表示由耕地转出至其他地类。

3.3.2　空间分布情况

河北省耕地主要分布在南部，即华北平原。2000—2020 年平原区聚集明显，其他地形区的耕地面积逐渐减少。平原地区地势平坦、纬度较低，更适合大面积农作物种植和高光照农作物的种植需求；高原区、丘陵区和山地区由于地势、水热条件差，耕地面积较少。

3.3.3 时空演化特征

耕地的时空演化特征指一段时间内耕地的变化情况。利用 ArcGIS 软件计算河北省 2000—2020 年市级耕地面积变化速率。河北北部的张家口市耕地变化速率最大，面积减少速率在 0.188%；华北平原上的石家庄市、衡水市和邢台市耕地面积下降最少，变化速率在 0.077% ~0.045%之间。

从区、县级对 2000—2020 年河北省耕地空间变化情况进行分析，利用 ArcGIS 软件的面积制图和 Excel 数据表得出各区、县的耕地面积变化情况。石家庄市裕华区、唐山市路北区和保定市莲池区的耕地面积减少速率最快，在 20 年时间里分别降低了 0.633%、0.457%、0.369%；承德市兴隆县和唐山市迁西县的耕地面积增加，相较于 2000 年分别增加了 0.199%和 0.013%。河北省大部分区、县耕地面积减少。

3.4 河北省海洋资源时空分布状况

3.4.1 时序变动情况

河北省海洋资源丰富。2021 年，河北省海洋生产总值达到 2651.6 亿元，按当年价格计算同比增长 14.8%，高于全国平均增速 6.5 个百分点，增速位列全国第五位。这一数据表明，河北省海洋经济活动呈现出快速增长的趋势，对当地经济的贡献日益显著。2021 年，河北省海洋第一产业增加值 182.2 亿元，第二产业增加值 924.5 亿元，第三产业增加值 1544.9 亿元，三次产业占比为 6.9∶34.9∶58.2。海洋第二产业占比稳中有升，第三产业占据主导地位，为海洋经济高质量增长提供了良好支撑。

从各年《中国渔业统计年鉴》中获取具体数据，得到 2008—2022 年河北省海水养殖面积与海水养殖产量情况（表 3.5）。2008—2012 年间，海水养殖总体面积不断扩大，海水养殖总产量逐渐增加。其中鱼类海水养殖面积不断缩小，鱼类海水养殖产量呈逐年减少趋势；甲壳类海水养殖面积增减交互，但整体呈减小趋势，甲壳类海水养殖产量先逐年增加，后趋于稳定；贝类海水养殖面积和海水养殖产量均逐年递增，且增长幅度较大。2013—2017 年间，海水总体养殖面积先增大后逐年减少，海水养殖总产量则逐渐增加。其中鱼类海水养殖面积呈断崖式减少，鱼类海水养殖产量也受到影响，下降明显，但到 2017 年产量又有所上升；甲壳类海水养殖面积相对稳定，但甲壳类海水养殖产量呈现出稳定上升的趋势；贝类海水养殖面积不断减少，但海水养殖产量总体上呈稳定增加的趋势。2018—2022 年间，海水总体养殖面积相对稳定，海水养殖总产量依旧在逐渐增加。其中鱼类海水养殖面积在 2018 年明显下降后，呈现稳定趋势，鱼类海水养殖产量却在稳定增长；甲壳类和贝类海水养殖面积相对稳定，但海水养殖产量呈稳定增长趋势。

3.4.2 空间分布情况

河北省地处环渤海核心地带，沿海地区毗邻京津、连接“三北”（西北、华北、东北），海洋区位条件独特，现有 3 个沿海市和 11 个沿海县（市、区）、7 个沿海经济开发

表 3.5　2008—2022 年河北省海水养殖面积与海水养殖产量情况表

年份	海水养殖产量/t					海水养殖面积/hm^2				
	总体	鱼类	甲壳类	贝类	藻类	总体	鱼类	甲壳类	贝类	藻类
2008	109755	6027	23613	77712	0	295950	15638	16846	259711	0
2009	121013	6438	21701	89836	0	300567	14718	18009	264007	0
2010	123810	4768	21064	92964	50	329308	12378	20601	291124	250
2011	134246	2104	21250	101550	0	311520	12796	19418	272552	0
2012	134682	1217	20772	103013	0	382061	12173	19513	341718	0
2013	117928	591	22193	85003	0	452270	11080	21246	409779	0
2014	122434	304	27844	85483	0	491999	8232	22856	448766	0
2015	117533	686	26420	83277	0	506484	8811	25848	460009	0
2016	115416	702	26795	79931	0	511372	8827	27873	459272	0
2017	107583	687	25727	73401	0	529158	10281	29460	474748	0
2018	111404	573	25531	77379	7	489836	11648	31080	433107	1003
2019	107041	512	23089	74688	7	448802	12737	27542	360494	991
2020	105341	559	25435	69280	7	488132	14069	30202	385046	600
2021	104185	520	25872	69294	0	543151	15294	33403	430659	0
2022	105587	584	25644	70674	0	580005	21202	50708	441024	0

区。全省大陆海岸线长 487km，管辖海域超过 7200km^2，分别约占全国的 3% 和 2%，在沿海 11 个省（自治区、直辖市）（缺港澳台数据，下同）中排名第九位。沿海分布有菩提岛、龙岛等砂质无居民海岛，海岛陆域面积 36km^2。河北省沿海地区有曹妃甸等优良港址资源，有 $15\times10^4hm^2$ 滩涂和盐碱地，具有发展海洋经济的良好资源条件。

3.4.3　时空演化特征

整体来看，河北省的海岸线变化呈现出一定的时空特征。近年来，随着人类活动的增加，如养殖池塘建设、港口开发等，海岸线发生了显著变化。南部养殖池塘建设导致向海推进，而北部自然沙滩则出现侵蚀后退的现象。这种变化不仅影响了海岸线的形态，还对沿海地区的生态环境和经济发展产生了深远影响。

随着海洋经济结构的不断优化升级，海洋生物医药、海洋能源开发等新兴海洋产业也呈现出较快的发展空间，这些海洋经济活动的增长不仅促进了当地经济的繁荣，还提高了海洋资源的利用效率。

随着海洋经济的快速发展和人类活动的增加，海洋生态环境面临着一定的压力和挑战。为了保护海洋生态环境，河北省采取了一系列措施，如加强海洋环境监测、推进海洋污染治理、实施海洋生态修复工程等。这些措施的实施有效改善了海洋生态环境质量，为海洋经济的可持续发展提供了有力保障。

3.5 河北省湿地资源时空分布状况

3.5.1 时序变动情况

从现有数据来看，河北省湿地总面积由 2009 年的 27.0×$10^4$$hm^2$ 减少至 2017 年的 24.0×$10^4$$hm^2$，年均减少 0.37×$10^4$$hm^2$，其中，沿海滩涂年均减少 0.12×$10^4$$hm^2$，内陆滩涂年均减少 0.21×$10^4$$hm^2$，沼泽地年均减少 0.04×$10^4$$hm^2$。以 2009 年为基期，计算 2009—2017 年测算湿地同比变化率。整体上湿地同比变化呈递减趋势，减少率在 0.7%～2.4%之间，沿海滩涂减少率在 0.7%～3.0%之间，内陆滩涂减少率在 0.3%～1.8%之间，沼泽地减少率 2009—2015 年在 0.03%～1.80%之间，2016 年减少率为 2.45%，2017 年减少率为 25.94%。在内部结构方面，沿海滩涂、内陆滩涂和沼泽地结构维持在 36：60：4 水平（王千，2021）。沿海滩涂面积占湿地总面积的比例从 2009 年的 36.20%增长至 2017 年的 36.62%，其中 2009—2012 年呈降低趋势，2012—2017 年又逐渐提高；内陆滩涂面积所占比例从 2009 年的 59.86%增长至 2017 年的 60.23%，其中，2009—2013 年呈上升趋势，2013—2016 年逐年下降，2017 年所占比例又有所回升。沼泽地面积所占比例从 2009 年的 3.94%下降至 2017 年的 3.15%，其间虽有所波动，但所占比例总体下降，且下降明显。2009—2017 年河北省湿地面积增加 0.50×$10^4$$hm^2$，其中主要来源为耕地、水域及水利设施用地、林地，其他地类转入比较少。其中，耕地调整为湿地面积占总增加面积的 49.06%，水域及水利设施用地调整为湿地面积占总增加面积的 26.93%，林地调整为湿地面积占总增加面积的 10.54%，城镇村及工矿用地调整为湿地面积占总增加面积的 6.95%，其他地类转为湿地占 6.52%。从各年转入情况分析，其中耕地转为湿地 2016 年最多，为 0.12×$10^4$$hm^2$；城镇村及工矿用地转为湿地 2013 年最多，为 0.03×$10^4$$hm^2$；水域及水利设施用地转为湿地 2010 年最多，为 0.06×$10^4$$hm^2$。2009—2017 年，河北省湿地面积减少 3.50×$10^4$$hm^2$，其中主要流向为耕地和建设用地中的城镇村及工矿用地、交通运输用地。湿地转为耕地面积 1.96×$10^4$$hm^2$，占湿地减少面积的 56.1%；湿地转为城镇村及工矿用地 1.30×$10^4$$hm^2$，占湿地面积减少的 36.2%；湿地转为交通运输用地 0.16×$10^4$$hm^2$，占湿地面积减少的 4.7%；湿地转为其他地类占 3.0%。从各年份来看，2017 年湿地转为耕地面积最大，为 0.40×$10^4$$hm^2$，湿地转为城镇村及工矿用地最大，为 0.03×$10^4$$hm^2$。根据对部分地区的调查，内陆滩涂以开发为耕地居多，而沿海滩涂以建设用地利用居多，湿地类型变化主要与湿地开发难度等因素有关。随着生态环境意识的不断增强，收缩型中小城市土地利用方式由增量向盘活存量用地转变，湿地减少趋势将有所缓解。

3.5.2 空间分布情况

河北省滨海湿地主要分布于秦唐沧一线，如曹妃甸湿地、南大港湿地等；河流湿地在河北省各湿地类型中面积最大，该省有大小河流 300 余条；湖泊湿地星布于省内平原地区，如宁晋泊、永年洼、白洋淀、大陆泽、衡水湖、大浪淀等；沼泽湿地多见于坝上地区和河流湖泊的周边地带。河北省有 38 座中型水库、22 座大型水库，加上集中于秦皇岛、唐山市2个地市的水稻田湿地，基本构成了河北省人工湿地资源。根据第三次全国国土调查，河北省湿地总面积142702.64hm^2，包括森林沼泽、灌丛沼泽、沼泽草地、沿海滩涂、内陆滩涂、沼泽地等6种湿地类型，表现出湿地类型的多样化特点。其中，森林沼泽主要分布在石家庄市；灌丛沼泽主要分布在承德市坝上地区；沼泽草地主要分布在张家口市坝上和承德市坝上地区；沿海滩涂主要分布在秦皇岛市、唐山市和沧州市沿海地区；内陆滩涂遍布全省；沼泽地主要分布在保定市。湿地整体主要分布在唐山市、沧州市、张家口市、承德市等4个市，占全省湿地的80%。

利用GIS技术得到2009年与2017年湿地数据变化情况，可知沿海滩涂减少量较大地区集中在唐山市滦南县和曹妃甸区唐海镇，其主要原因是该区域开展了围填海建设；唐山市丰南区湿地面积增加，主要是该地区以海水养殖为主，通过人工技术增加了滩涂养殖面积。内陆滩涂面积有所减少，显著减少区域主要分布在张家口市和承德市。同时太行山西部地区的部分县，内陆滩涂面积增加了$0.13\times10^4hm^2$，主要集中在石家庄市平山县、赞皇县、井陉县等地区。沼泽地面积，唐山市丰南区沼泽地减少量最大，主要是由于沼泽地大部分位于该县内陆地区，受到近年来降水较少且经济发展对土地需求量大等因素影响；其他区域沼泽地面积减少量较小，在5hm^2左右，主要与降水偏少等气候因素有关。整体上湿地面积增加的共有9个县，其中邯郸市涉县、石家庄市平山县等5个县湿地面积增加在100hm^2以上。湿地减少面积小于100hm^2的县共56个，其中面积减少小于10hm^2的有24个县；湿地面积减少大于100hm^2小于300hm^2的县共有24个；面积减少大于300hm^2的共有18个县，其中唐山市滦南县、曹妃甸区唐海镇等约占减少总面积的约45%。河北省湿地面积减少量较大的区域，分布相对集中，分布在如下地区：①坝上高原燕山北部山区，这一地区降水充沛，耕地后备资源丰富且易于开发复垦，是河北省补充耕地的主要来源区，受到耕地占补平衡的影响，湿地开发为耕地面积较大，促使湿地面积减少；②秦唐沧沿海地区，该区域拥有大量滨海湿地，受到围填海、经济发展致使土地需求量大等因素影响，使得湿地面积减少明显；③省域中部，这一区域大多属于平原地区，湿地集中分布于水系附近，同时平原也有零星湿地分布，经济发展对土地需求旺盛，受到气候影响导致部分河流水量减少甚至干涸，使得湿地面积尤其是内陆滩涂、沼泽地面积减少；④省域西南部地区，包括武安市、临漳县等，该区域水资源总量较少，这是湿地减少的主要原因。

3.5.3 时空演化特征

河北省湿地资源的主要特点：一是湿地的类型多而全，但分布不平衡。河北省湿地类型在全国34个湿地类型中占比达到55.88%，但是除滨海湿地面积较大外，其余类型面积不大，多低于100hm^2，且分布零碎，尚不利于湿地规模化生态效益的发挥。二是湿地地域性分布不平衡。滨海湿地分布于秦唐沧等地区；湖泊湿地在张家口地区、保定市与沧州市交界区域以及衡水市区皆有分布；河流湿地分流域遍布全省；沼泽湿地多分布在湖泊湿地周边以及坝上地区；人工湿地中海水水生动植物养殖场、盐田均分布在沿海，水库塘坝在内陆各地市均有分布。

第4章　河北省自然资源碳收支及土地利用变化碳效应

本章基于细分的河北省自然资源类别，先行对各类自然资源的碳收支特征进行简要核算刻画，接着对其陆地生态系统碳密度值展开分析，进而就河北省土地利用碳效应做简要分析，为第5章具体评价各类自然资源生态系统的碳汇能力提供参考和对照基础。

4.1　河北省各自然资源碳收支特征

将2020年河北省自然资源划分图与2020年河北省陆地生态系统碳收支分布图在ArcGIS 10.5平台内进行叠加分析，可得河北省各自然资源陆地生态系统碳收支均值，结合水体碳通量数据，将其赋值至水域资源后，即可得出各自然资源生态系统碳收支均值；然后结合能源平衡表中的部门分类，将其对应到相应的自然资源，得出其单位面积人为源碳排放均值，最终得到2020年河北省各自然资源碳收支均值（表4.1）。分析可知，河北省各自然资源的碳收支能力相差较大，其碳汇能力由高向低排列大致为：林地>园地>草地>湿地>其他用地，与先前大部分的研究结果一致（Xu et al.，2023）。在林地中，乔木林地的碳汇作用最为显著，每年达到111.38g·m^{-2}，灌木林地的碳汇作用最弱；在园地中，茶园地的碳汇作用明显强于果园地；在湿地中，滩涂的碳汇作用较小，每年仅有13.75g·m^{-2}；耕地本身具备一定的碳汇能力，每年可吸收11.18g·m^{-2}，但由于人为参与，增加了农业、水利业等的相关碳排放，最终耕地资源整体由碳汇向碳源的转化；水域的碳源能力较弱；在生活用地中，城镇生活用地的碳源作用明显高于乡村生活用地，约为乡村生活用地的6倍；工业用地的碳排放量最显著，每平方米工业用地每年会导致545.35kg碳排放，应当是未来碳减排的重点；交通运输用地、其他建设用地也造成了较大的碳排放量。相对来说，建设用地中乡村生活用地所造成的碳排放量较低。

表4.1　2020年河北省各自然资源碳收支特征表　　单位：g·m^{-2}·a^{-1}

自然资源类型	精细化分类	生态系统碳收支量	人为源碳排放量	碳收支均值
林地	乔木林地	111.38	—	90.42
	灌木林地	61.26		
	特灌林地	98.94		
	经济林地	81.94		
	天然林地	106.38		
	疏林地	76.64		

续表

自然资源类型	精细化分类	生态系统碳收支量	人为源碳排放量	碳收支均值
园地	果园地	50.70	—	68.19
	茶园地	74.11		
草地	—	67.87	—	67.87
湿地	滩涂	13.75	—	17.81
	沼泽	77.52		
	森林沼泽	92.61		
耕地	—	11.18	-35.32	-21.14
水域	湖泊	-4.87	—	-1.10
	河流	-0.43		
	其他水面	-0.56		
交通运输用地	—	—	-2283.84	-2283.84
生活用地	乡村生活用地	—	-1188.06	-1862.18
	城镇生活用地		-6678.02	
其他建设用地	—	—	-2094.94	-2094.94
工业用地	—	—	-545348.90	-545348.90
其他用地	—	5.47		5.47

注：正值表示碳吸收，负值表示碳排放。

河北省各自然资源的碳收支特征研究结果显示，林地固碳能力整体较强，每年每平方米达到90.42g，以乔木林的碳汇能力最强；工业用地碳源效应明显，每年每平方米工业用地每年会导致545.35kg的碳排放量。林地、园地、草地、湿地作为为数不多的碳收支均值为实值的自然资源，在未来应当着重加以保护，而耕地、工业用地、建设用地、交通运输用地等还亟须加强碳减排技术的应用。

4.2 河北省各自然资源碳密度特征

2020年，针对河北省各自然资源分别计算其碳密度值（表4.2），此处的碳密度值已是植被碳密度与土壤碳密度综合后的数据，其代表着河北省各自然资源固定碳的存量。各自然资源碳密度值由高到低排序为：林地>园地>草地>湿地>耕地>其他用地>交通运输用地>生活用地>水域>其他建设用地>工业用地。其中，林地的碳密度均值最高，为3.35kg·m^{-2}；工业用地的碳密度均值最低，为2.39kg·m^{-2}。在林地中，乔木林地的碳密度值最高，为3.50kg·m^{-2}，也是所有自然资源中碳密度值最高的；疏林地与经济林地的碳密度值相对较低，分别是2.79kg·m^{-2}和2.93kg·m^{-2}，这表明在未来的自然资源管理过程中，要着重保护林地资源，尤其是乔木林地。在园地中，茶园地的碳密度值高于果园地，分别为3.14kg·m^{-2}和2.88kg·m^{-2}。在湿地中，滩涂、沼泽和森林沼泽的碳密度值略有差异，但差距较小。在生活用地中，城镇生活用地的碳密度值略低于乡村生活用地，分别为2.40kg·m^{-2}和2.53kg·m^{-2}。建设用地的碳密度均值较低，工业用地最低，为2.39kg·m^{-2}。

表 4.2　2020 年河北省各自然资源碳密度值表　　单位：kg · m^{-2}

自然资源类型	精细化分类	碳密度值	碳密度均值
林地	乔木林地	3.50	3.35
	灌木林地	3.44	
	特灌林地	3.13	
	经济林地	2.93	
	天然林地	3.39	
	疏林地	2.79	
园地	果园地	2.88	3.11
	茶园地	3.14	
草地	—	2.88	2.88
湿地	滩涂	2.89	2.87
	沼泽	2.83	
	森林沼泽	2.96	
耕地	—	2.82	2.82
水域	湖泊	2.24	2.45
	河流	2.80	
	其他水面	2.26	
交通运输用地	—	2.57	2.57
生活用地	乡村生活用地	2.53	2.48
	城镇生活用地	2.40	
其他建设用地	—	2.43	2.43
工业用地	—	2.39	2.39
其他用地	—	2.58	2.58

从河北省各自然资源碳密度均值的空间分布来看，河北省的北部及西部地区的碳密度均值较高，主要与这里广泛分布的林地和草地资源相关；在南部平原地区以及沿海地区碳密度均值较低，主要是这里零星分布着各类建设用地。

河北省各自然资源的碳密度值核算结果显示，林地的碳密度值最高，工业用地的碳密度值最低。在各自然资源内部，碳密度值也存在着一定的差异。在未来自然资源管理的过程中，应当着重保护林地资源尤其是乔木林、灌木林和天然林地，而对于建设用地、工业用地、生活用地等应当做好植被修复、土壤修复，增加碳汇。

4.3　河北省土地利用变化碳效应

2020 年，基于土地利用变化，探究河北省各生态安全区内由于土地利用变化所造成的碳排放。本节基于各区内不同土地利用类型的碳密度，及上文各自然资源碳收支特征核算了土地利用变化产生的碳效应，其中林地、草地、未利用地可对应到陆地生态系统碳收支特征；耕地既可对应到陆地生态系统碳收支也可对应到人为源碳排放；建设用地仅涉及人为源的碳排放量；水域可对应到陆地水体碳通量。各生态安全区不同土地利用类型的碳密度值如表 4. 3 所示。结果显示，在各生态安全区内，林地、草地等生态用地的碳密度值均高，水域、建设用地的碳密度值相对较低，而燕山-太行山生态涵养区、坝上高原生态防护区内的不同土地利用类型的碳密度值相对较高。

表 4. 3　2020 年河北省各生态安全区内不同土地利用类型碳密度值表

单位：$kg \cdot m^{-2}$

土地类型	坝上高原生态防护区	海岸海域生态防护区	京津保中心区生态过渡带	燕山-太行山生态涵养区	低平原生态修复区
耕地	2. 70	2. 19	2. 60	3. 09	2. 33
林地	3. 13	3. 43	2. 80	3. 73	2. 73
草地	2. 55	2. 89	2. 61	3. 33	2. 49
水域	2. 69	1. 32	2. 46	3. 04	2. 29
建设用地	2. 55	1. 94	2. 54	2. 84	2. 24
未利用地	2. 86	1. 47	2. 14	3. 07	2. 35

4. 3. 1　坝上高原生态防护区土地利用变化碳效应

2000—2020 年坝上高原生态防护区土地利用变化碳效应情况如表 4. 4 所示。坝上高原生态防护区 2513. 5km² 的土地发生变化，占坝上高原生态防护区总面积的 13. 07%。基于地表面积的核算结果显示，由于土地利用变化造成碳储量增加 39. 9×10⁴t，而碳汇减少 2186. 2×10⁴t，最终结果显示，碳排放 2146. 3×10⁴t。

表 4. 4　2000—2020 年坝上高原生态防护区土地利用变化碳效应情况表

土地利用变化类型		面积 km^2	碳储量变化/10^4t		碳源（碳汇）变化 10^4t	总碳效应/10^4t	
			投影	表面积		投影	表面积
耕地	林地	231. 6	10. 0	13. 2	2. 6	12. 6	15. 8
	草地	222. 5	-3. 4	-1. 9	2. 0	-1. 4	0. 1
	水域	20. 4	0. 0	-0. 1	0. 0	0. 0	0. 0
	建设用地	201. 4	-3. 0	-2. 9	-2605. 6	-2608. 7	-2608. 5
	未利用地	20. 9	0. 3	0. 2	0. 1	0. 4	0. 3
合计		696. 7	3. 9	8. 6	-2600. 9	-2597. 0	-2592. 3
林地	耕地	48. 2	-2. 1	-2. 7	-0. 6	-2. 6	-3. 3
	草地	131. 3	-7. 6	-8. 6	-0. 3	-8. 0	-8. 9
	水域	5. 7	-0. 3	-0. 3	-0. 1	-0. 3	-0. 4
	建设用地	18. 0	-1. 1	-1. 3	-233. 7	-234. 7	-234. 9
	未利用地	1. 2	0. 0	-0. 1	0. 0	0. 0	-0. 1
合计		204. 3	-11. 1	-13. 0	-234. 6	-245. 7	-247. 6

续表

土地利用变化类型		面积 km^2	碳储量变化/10^4t		碳源（碳汇）变化 10^4t	总碳效应/10^4t	
			投影	表面积		投影	表面积
草地	耕地	288.8	4.4	2.4	-2.6	1.8	-0.2
	林地	610.1	35.5	39.7	1.6	37.1	41.3
	水域	18.1	0.3	0.1	-0.1	0.1	0.0
	建设用地	67.3	0.0	-0.4	-871.1	-871.1	-871.5
	未利用地	122.9	3.8	2.4	-0.8	3.0	1.7
合计		1107.2	43.9	44.2	-873.0	-829.1	-828.8
水域	耕地	24.4	0.0	0.1	0.0	0.0	0.0
	林地	15.8	0.7	1.0	0.1	0.8	1.1
	草地	20.0	-0.3	-0.1	0.1	-0.1	0.0
	建设用地	3.2	0.0	0.0	-40.9	-40.9	-40.9
	未利用地	16.1	0.3	0.2	0.0	0.3	0.3
合计		79.5	0.7	1.1	-40.7	-40.0	-39.5
建设用地	耕地	115.8	1.7	1.7	1497.9	1499.6	1499.6
	林地	2.0	0.1	0.1	26.3	26.4	26.4
	草地	20.0	0.0	0.1	258.7	258.7	258.9
	水域	1.2	0.0	0.0	15.3	15.3	15.3
	未利用地	9.0	0.3	0.2	117.0	117.3	117.2
合计		148.0	2.2	2.2	1915.2	1917.4	1917.4
未利用地	耕地	73.0	-1.2	-0.8	-0.2	-1.4	-1.0
	林地	25.6	0.7	1.2	0.2	0.9	1.4
	草地	134.2	-4.2	-2.7	0.8	-3.3	-1.8
	水域	17.9	-0.3	-0.3	0.0	-0.3	-0.3
	建设用地	27.3	-0.8	-0.7	-353.1	-353.9	-353.8
合计		277.9	-5.8	-3.3	-352.2	-358.0	-355.5
总计		2513.5	33.9	39.9	-2186.2	-2152.4	-2146.3

从碳储量变化来看，林地向其他地类的转化造成了大量的陆地生态系统碳储量释放（13.0×10^4t）。各地类的转化过程中，以林地向草地的转化带来的碳储量损失最大（8.6×10^4t），其次为耕地向建设用地的转化带来的碳储量损失（2.9×10^4t）。而在其他地类的转化过程中，有效增加了陆地生态系统的碳储量总量。其中，草地向林地转化面积达到610.1km^2，碳储量增加39.7×10^4t；同时坝上高原生态防护区退耕还林工作的有序开展，有效增加了碳储量13.2×10^4t。

从碳收支角度来看，由于建设用地的单位面积碳源量最大，所以当其他地类向建设用地转化时都会造成巨大的碳排放。其中，耕地向建设用地的转化面积最大（201.4km^2），造成的碳排放为2605.6×10^4t；林地、草地向建设用地的转化也造成了相当大的碳排放量，分别为233.7×10^4t和871.1×10^4t。而建设用地在向其他地类的转化过程中，碳汇发生有效增加，增长了 1915. 2×10^4t。

从总碳效应来看，耕地向建设用地的转化造成的碳排放最大，为 2608. 5×10^4t；草地向建设用地转化造成的碳排放次之，为 871. 5×10^4t。而建设用地向其他地类转化增加的碳汇最多，为 1917. 4×10^4t。

4. 3. 2　海岸海域生态防护区土地利用变化碳效应

2000—2020 年海岸海域生态防护区土地利用变化碳效应情况如表 4. 5 所示。海岸海域生态防护区 2796. 7km^2 的土地发生变化，占海岸海域生态防护区总面积的 23. 62%。基于地表面积的核算结果显示，由于土地利用变化造成碳储量损失 36. 0×10^4t，而碳汇增长 1452. 5×10^4t，最终结果显示，碳吸收 1416. 5×10^4t。

表 4. 5　2000—2020 年海岸海域生态防护区土地利用变化碳效应情况表

土地利用变化类型		面积/km^2	碳储量变化/10^4t		碳源（碳汇）变化/10^4t	总碳效应/10^4t	
			投影	表面积		投影	表面积
耕地	林地	84. 5	10. 4	16. 8	1. 0	11. 4	17. 7
	草地	36. 1	2. 5	3. 9	0. 3	2. 9	4. 2
	水域	227. 6	-19. 9	-20. 0	0. 5	-19. 5	-19. 6
	建设用地	722. 8	-17. 8	-17. 9	-9354. 2	-9372. 0	-9372. 1
	未利用地	14. 2	-1. 0	-1. 0	0. 0	-1. 0	-1. 0
合计		1085. 2	-25. 8	-18. 3	-9352. 4	-9378. 2	-9370. 7
林地	耕地	18. 7	-2. 3	-3. 7	-0. 2	-2. 5	-3. 9
	草地	8. 4	-0. 5	-0. 8	0. 0	-0. 5	-0. 8
	水域	1. 1	-0. 2	-0. 3	0. 0	-0. 2	-0. 3
	建设用地	15. 3	-2. 3	-3. 4	-198. 4	-200. 7	-201. 8
	未利用地	2. 9	-0. 6	-0. 8	0. 0	-0. 6	-0. 8
合计		46. 3	-5. 8	-9. 0	-198. 7	-204. 5	-207. 7
草地	耕地	76. 4	-5. 4	-8. 3	-0. 7	-6. 0	-9. 0
	林地	73. 3	3. 9	6. 6	0. 2	4. 1	6. 8
	水域	19. 7	-3. 1	-3. 9	-0. 1	-3. 2	-4. 0
	建设用地	32. 6	-3. 1	-4. 4	-421. 9	-425. 0	-426. 3
	未利用地	3. 6	-0. 5	-0. 7	0. 0	-0. 5	-0. 7
合计		205. 5	-8. 2	-10. 6	-422. 6	-430. 7	-433. 1
水域	耕地	79. 9	7. 0	7. 0	-0. 2	6. 8	6. 9
	林地	14. 1	3. 0	4. 0	0. 1	3. 1	4. 2
	草地	35. 2	5. 5	6. 9	0. 2	5. 8	7. 2
	建设用地	45. 0	2. 8	2. 9	-582. 2	-579. 3	-579. 3
	未利用地	21. 6	0. 3	0. 4	0. 0	0. 4	0. 4
合计		195. 7	18. 7	21. 2	-581. 9	-563. 3	-560. 8

续表

土地利用变化类型		面积 km²	碳储量变化/10^4t		碳源（碳汇）变化 10^4t	总碳效应/10^4t	
			投影	表面积		投影	表面积
建设用地	耕地	193.9	4.8	4.8	2509.2	2514.0	2514.0
	林地	6.2	0.9	1.4	79.8	80.7	81.2
	草地	30.3	2.9	4.1	392.9	395.8	396.9
	水域	721.5	-45.4	-45.6	9338.4	9293.0	9292.8
	未利用地	5.7	-0.3	-0.3	73.9	73.6	73.6
合计		957.6	-37.1	-35.7	12394.2	12357.1	12358.5
未利用地	耕地	208.1	15.0	15.0	-0.6	14.4	14.4
	林地	2.6	0.5	0.7	0.0	0.5	0.7
	草地	1.9	0.3	0.3	0.0	0.3	0.4
	水域	64.0	-1.0	-1.0	0.0	-1.0	-1.1
	建设用地	29.8	1.4	1.4	-385.6	-384.2	-384.2
合计		306.3	16.1	16.4	-386.1	-370.0	-369.8
总计		2796.7	-42.1	-36.0	1452.5	1410.4	1416.5

从碳储量变化来看，基于投影面积所得出生态系统碳储量损失 42.1×10^4t，大于地表面积的核算结果（36.0×10^4t），这一差异主要源于耕地、水域向草地、林地等生态用地的补偿过程以及草地向林地的生态补偿过程。由于林地的碳密度系数最高、草地次之，所以在乘以地表系数核算之后，碳储量的增长更大，因此表现为基于地表面积核算的结果明显大于投影面积的核算结果。在整个防护区内，建设用地向其他地类的转化导致了最多的碳储量损失，为 35.7×10^4t，主要为建设用地向水域的转化；耕地向其他地类的转化导致的碳储量损失次之，为 18.3×10^4t，主要为耕地向水域、建设用地的转化；草地向其他地类的转化导致了 10.6×10^4t 的碳储量损失；林地向其他地类的转化面积最小，却导致了 9.0×10^4t 的碳储量损失，主要原因是其单位面积碳密度值较高；水域和未利用地在向其他地类的转化过程中，均表现为碳储量增加趋势。

从碳收支角度来看，与坝上高原生态防护区相似，均表现为耕地向建设用地的转化面积最大（722.8km²），碳排放最大（9354.2×10^4t，即二氧化碳排放 34298.7×10^4t）；水域、草地、未利用地、林地向建设用地的转化造成的碳排放量，分别为 582.2×10^4t、421.9×10^4t、385.6×10^4t 和 198.4×10^4t。而建设用地向其他地类的转化过程中，碳汇增加了 12394.2×10^4t，其中，海岸海域生态防护区沿海范围内的建设用地（港口、工矿用地等）向水域的转化造成了最多的碳汇增加，约 9338.4×10^4t。

从总碳效应来看，耕地向建设用地的转化造成的碳排放最大，为 9372.1×10^4t；水域向建设用地转化造成的碳排放次之，为 579.3×10^4t。而建设用地向其他地类转化增加的碳汇最多，为 12358.5×10^4t。

4.3.3 京津保中心区生态过渡带土地利用变化碳效应

2000—2020 年京津保中心区生态过渡带土地利用变化碳效应情况如表 4.6 所示。京津保中心区生态过渡带 2344.5km^2 的土地发生变化，占京津保中心区生态过渡带总面积的 14.35%。基于地表面积的核算结果显示，由于土地利用变化造成碳储量损失 14.9×10^{4}t，碳汇减少 15861.9×10^{4}t，最终结果显示，碳排放 15876.8×10^{4}t。

表 4.6　2000—2020 年京津保中心区生态过渡带土地利用变化碳效应情况表

土地利用变化类型		面积 km^2	碳储量变化/10^{4}t		碳源（碳汇）变化 10^{4}t	总碳效应/10^{4}t	
			投影	表面积		投影	表面积
耕地	林地	23.4	0.5	0.8	0.3	0.8	1.1
	草地	31.7	0.0	0.1	0.3	0.3	0.4
	水域	80.6	−1.1	−1.1	0.2	−0.9	−0.9
	建设用地	1486.6	−9.4	−9.7	−19237.5	−19246.9	−19247.2
	未利用地	13.1	−0.6	−0.6	0.0	−0.6	−0.6
合计		1635.3	−10.7	−10.5	−19236.7	−19247.4	−19247.2
林地	耕地	44.1	−0.9	−1.6	−0.5	−1.4	−2.1
	草地	1.5	0.0	0.0	0.0	0.0	0.0
	水域	3.2	−0.1	−0.2	0.0	−0.1	−0.2
	建设用地	20.9	−0.5	−0.9	−270.7	−271.2	−271.6
	未利用地	0.4	0.0	0.0	0.0	0.0	0.0
合计		70.1	−1.6	−2.7	−271.2	−272.8	−273.9
草地	耕地	0.7	0.0	0.0	0.0	0.0	0.0
	林地	1.6	0.0	0.1	0.0	0.0	0.1
	水域	11.2	−0.2	−0.2	−0.1	−0.3	−0.3
	建设用地	12.4	−0.1	−0.1	−160.6	−160.7	−160.7
	未利用地	0.1	0.0	0.0	0.0	0.0	0.0
合计		26.1	−0.2	−0.3	−160.7	−160.9	−161.0
水域	耕地	93.4	1.3	1.2	−0.2	1.1	1.0
	林地	2.4	0.1	0.1	0.0	0.1	0.1
	草地	2.3	0.0	0.0	0.0	0.0	0.0
	建设用地	26.7	0.2	0.2	−345.6	−345.4	−345.4
	未利用地	160.3	−5.1	−5.4	0.1	−5.0	−5.3
合计		285.1	−3.5	−3.8	−345.6	−349.1	−349.4
建设用地	耕地	300.1	1.9	2.0	3884.1	3886.0	3886.1
	林地	2.9	0.1	0.1	36.9	37.0	37.0
	草地	7.0	0.1	0.1	90.4	90.5	90.5
	水域	10.8	−0.1	−0.1	139.5	139.4	139.4
	未利用地	0.9	0.0	0.0	11.1	11.1	11.1
合计		321.6	1.9	2.0	4162.0	4163.9	4164.0
未利用地	耕地	5.5	0.3	0.3	0.0	0.3	0.3
	林地	0.0	0.0	0.0	0.0	0.0	0.0

续表

土地利用变化类型		面积 km²	碳储量变化/10^4t		碳源（碳汇）变化 10^4t	总碳效应/10^4t	
			投影	表面积		投影	表面积
未利用地	草地	0.1	0.0	0.0	0.0	0.0	0.0
	水域	0.0	0.0	0.0	0.0	0.0	0.0
	建设用地	0.8	0.0	0.0	-9.7	-9.7	-9.7
合计		6.3	0.3	0.3	-9.7	-9.4	-9.4
总计		2344.5	-13.7	-14.9	-15861.9	-15875.6	-15876.8

从碳储量变化来看，耕地向其他地类的转化造成了大量的陆地生态系统碳储量的释放（10.5×10^4t），以耕地向建设用地转化面积最大（1486.6km²），带来的碳储量损失最大（9.7×10^4t）；林地、草地在京津保中心区生态过渡带面积分布不大，造成的碳储量损失较小，分别为2.7×10^4t、0.3×10^4t。碳储量的增加主要表现在建设用地向其他地类的转化，转出面积绝大多数集中在向耕地的转入，但也仅有300.1km²，约为耕地向建设用地转出面积的20%，难以补偿耕地数量及生态系统碳储量的损失，说明近年来京津保中心区生态过渡带内，建设用地扩张趋势明显，在未来的发展过程中，应当关注碳储量补偿问题。

从碳收支角度来看，京津保中心区生态过渡带地处平原，位于京津冀地区的核心地带，受北京市的辐射作用更大，为了追求经济增长，建设用地扩张相对明显，也造成了更多的碳排放量。其中，建设用地占用耕地的面积最大，为1486.6km²，占变化总面积的63.41%，所以造成了较大的碳排放，约19237.5×10^4t；水域转为建设用地造成的碳排放为345.6×10^4t；而林地、草地本身面积较小，所以造成的碳排放较小，分别为271.2×10^4t、160.7×10^4t。

从总碳效应来看，耕地向建设用地的转化造成的碳排放最大，为19247.2×10^4t；水域向建设用地转化造成的碳排放次之，为345.4×10^4t，与海岸海域生态防护区相似。而建设用地向其他地类转化增加的碳汇最多，为4164.0×10^4t。

4.3.4 燕山-太行山生态涵养区土地利用变化碳效应

2000—2020年燕山-太行山生态涵养区土地利用变化碳效应情况如表4.7所示。燕山-太行山生态涵养区8183.4km²的土地发生变化，占燕山-太行山生态涵养区总面积的8.44%。基于地表面积的核算结果显示，由于土地利用变化造成碳储量损失146.8×10^4t，碳汇减少43465.5×10^4t，最终结果显示，碳排放43612.3×10^4t。

表4.7 2000—2020年燕山-太行山生态涵养区土地利用变化碳效应情况表

土地利用变化类型		面积 km²	碳储量变化/10^4t		碳源（碳汇）变化 10^4t	总碳效应/10^4t	
			投影	表面积		投影	表面积
耕地	林地	290.3	18.6	38.3	3.3	21.9	41.6
	草地	492.1	11.9	30.3	4.4	16.3	34.7
	水域	213.0	-1.1	-1.5	0.4	-0.7	-1.1
	建设用地	2695.3	-68.4	-88.2	-34879.0	-34947.4	-34967.2

续表

土地利用变化类型		面积 km^2	碳储量变化/10^4t		碳源（碳汇）变化 10^4t	总碳效应/10^4t	
			投影	表面积		投影	表面积
耕地	未利用地	18.9	0.0	0.1	0.1	0.1	0.2
合计		3709.4	-39.1	-21.1	-34870.8	-34909.9	-34891.9
林地	耕地	138.3	-8.9	-18.3	-1.6	-10.5	-19.9
	草地	746.5	-29.9	-52.6	-1.9	-31.8	-54.5
	水域	11.4	-0.8	-1.6	-0.1	-0.9	-1.7
	建设用地	309.7	-27.8	-51.0	-4011.1	-4038.9	-4062.1
	未利用地	5.7	-0.4	-0.7	-0.1	-0.5	-0.8
合计		1211.5	-67.7	-124.2	-4014.7	-4082.4	-4138.9
草地	耕地	323.4	-7.8	-19.9	-2.9	-10.7	-22.8
	林地	812.4	32.6	57.3	2.1	34.7	59.4
	水域	74.6	-2.2	-5.1	-0.5	-2.7	-5.6
	建设用地	714.0	-35.4	-67.3	-9245.7	-9281.1	-9313.0
	未利用地	10.2	-0.3	-0.6	-0.1	-0.4	-0.7
合计		1934.6	-13.1	-35.7	-9247.1	-9260.2	-9282.8
水域	耕地	159.6	0.8	1.1	-0.3	0.5	0.8
	林地	35.6	2.5	5.0	0.3	2.8	5.3
	草地	29.6	0.9	2.0	0.2	1.1	2.2
	建设用地	67.0	-1.4	-1.7	-867.4	-868.8	-869.1
	未利用地	25.4	0.1	0.3	0.0	0.1	0.3
合计		317.2	2.9	6.7	-867.2	-864.3	-860.5
建设用地	耕地	420.1	10.7	13.8	5435.9	5446.6	5449.7
	林地	15.0	1.3	2.5	194.2	195.5	196.7
	草地	25.7	1.3	2.4	333.1	334.4	335.5
	水域	14.4	0.3	0.4	186.4	186.7	186.8
	未利用地	2.4	0.1	0.1	30.8	30.9	30.9
合计		477.6	13.6	19.1	6180.3	6193.9	6199.4
未利用地	耕地	297.9	0.7	-1.4	-0.8	-0.1	-2.2
	林地	21.0	1.4	2.7	0.2	1.6	2.9
	草地	158.6	4.2	9.0	1.0	5.2	10.0
	水域	5.8	0.0	-0.1	0.0	0.0	-0.1
	建设用地	49.9	-1.2	-1.9	-646.4	-647.6	-648.3
合计		533.2	5.1	8.3	-646.0	-640.9	-637.7
总计		8183.4	-98.2	-146.8	-43465.5	-43563.7	-43612.3

从碳储量变化来看，基于地表面积的核算结果显示，燕山-太行山生态涵养区内共损失生态系统碳储量 146.8×10^4t，比基于投影面积的核算结果多出 48.6×10^4t，主要原因是

燕山-太行山生态涵养区内涵盖了大量的山区面积，区域内地貌类型复杂多样，地表系数均值为1.16，导致地表面积与投影面积有较大的差距，所以两种核算方式碳储量损失值有较大的差距。整个生态涵养区内耕地、草地、林地的转出面积最多，分别为3709.4km²、1934.6km²、1211.5km²；林地向其他地类的转化造成了最大的生态系统碳储量损失，达到124.2×10⁴t。在燕山-太行山生态涵养区内，林地分布在山区内，地形起伏，使燕山-太行山生态涵养区的林地资源实际碳蓄积能力应当会高于一般投影算法下的结果。这证明了在山区、丘陵等地势起伏的地区，采用地表面积核算的碳损失结果会更加科学，更加接近真实碳损失情况。燕山-太行山生态涵养区内耕地向建设用地的转化面积依旧非常醒目，共2695.3km²，造成了88.2×10⁴t的碳储量损失；草地转化为建设用地的面积为714.0km²，造成了67.3×10⁴t的碳损失，应当引起重视。而退耕还林、还草工作补偿了部分碳损失，分别增加了碳储量38.3×10⁴t、30.3×10⁴t。

从碳收支角度来看，燕山-太行山生态涵养区内碳汇共损失43465.5×10⁴t。其中，耕地向建设用地的转变导致了34879.0×10⁴t的碳汇损失，林地和草地的转出分别导致了4014.7×10⁴t、9247.1×10⁴t的碳汇损失。2000—2020年，燕山-太行山生态涵养区内的建设用地仅有477.6km²的面积发生了变化，碳汇增加6180.3×10⁴t，主要表现为建设用地转化为耕地带来的碳汇增加。

从总碳效应来看，耕地向建设用地的转化造成的碳排放最大，为34967.2×10⁴t，草地向建设用地转化造成的碳排放次之，为9313.0×10⁴t。碳汇的增加同样表现为建设用地向其他地类的转化最多，为6199.4×10⁴t。

4.3.5 低平原生态修复区土地利用变化碳效应

2000—2020年低平原生态修复区土地利用变化碳效应情况如表4.8所示。低平原生态修复区5283.6km²的土地发生变化，占低平原生态修复区总面积的12.51%。基于地表面积的核算结果显示，由于土地利用变化造成碳储量损失24.1×10⁴t，碳汇减少32410.9×10⁴t，最终结果显示，碳排放32435.0×10⁴t。

表4.8　2000—2020年低平原生态修复区土地利用变化碳效应情况表

土地利用变化类型		面积/km²	碳储量变化/10⁴t		碳源（碳汇）变化/10⁴t	总碳效应/10⁴t	
			投影	表面积		投影	表面积
耕地	林地	59.4	2.4	4.3	0.7	3.0	5.0
	草地	61.3	1.0	2.5	0.5	1.5	3.1
	水域	243.4	-1.0	-1.2	0.5	-0.5	-0.8
	建设用地	3453.6	-30.7	-33.6	-44692.1	-44722.8	-44725.7
	未利用地	11.6	0.0	0.0	0.0	0.1	0.0
合计		3829.3	-28.3	-28.1	-44690.4	-44718.7	-44718.4
林地	耕地	22.8	-0.9	-1.6	-0.3	-1.2	-1.9
	草地	2.0	-0.1	-0.1	0.0	-0.1	-0.1
	水域	1.2	-0.1	-0.1	0.0	-0.1	-0.1
	建设用地	7.0	-0.3	-0.6	-0.1	-0.4	-0.6

续表

土地利用变化类型		面积 km^2	碳储量变化/10^4t		碳源（碳汇）变化 10^4t	总碳效应/10^4t	
			投影	表面积		投影	表面积
合计		32.9	-1.3	-2.4	-0.3	-1.7	-2.7
草地	耕地	41.1	-0.7	-1.7	-0.4	-1.0	-2.1
	林地	1.9	0.1	0.1	0.0	0.1	0.1
	水域	51.2	-1.0	-2.4	-0.4	-1.4	-2.7
	建设用地	45.2	-1.1	-2.3	-585.6	-586.7	-587.9
	未利用地	0.1	0.0	0.0	0.0	0.0	0.0
合计		139.5	-2.7	-6.3	-586.3	-589.0	-592.6
水域	耕地	160.2	0.7	0.8	-0.3	0.3	0.5
	林地	0.6	0.0	0.1	0.0	0.0	0.1
	草地	33.0	0.7	1.5	0.2	0.9	1.8
	建设用地	26.6	-0.1	-0.1	-344.2	-344.3	-344.3
	未利用地	39.1	0.3	0.1	0.0	0.3	0.2
合计		259.5	1.5	2.4	-344.2	-342.7	-341.8
建设用地	耕地	996.3	8.9	9.7	12892.8	12901.7	12902.5
	林地	2.1	0.1	0.2	26.6	26.7	26.7
	草地	5.0	0.1	0.3	64.5	64.6	64.7
	水域	17.8	0.1	0.1	230.9	231.0	231.0
	未利用地	0.2	0.0	0.0	3.1	3.1	3.1
合计		1021.4	9.2	10.2	13217.9	13227.0	13228.1
未利用地	耕地	0.4	0.0	0.0	0.0	0.0	0.0
	建设用地	0.6	0.0	0.0	-7.5	-7.5	-7.5
合计		1.0	0.0	0.0	-7.5	-7.5	-7.5
总计		5283.6	-21.8	-24.1	-32410.9	-32432.6	-32435.0

从碳储量变化来看，投影面积与地表面积的核算体系下，碳储量损失量相差不大，仅有2.3×10^4t，这是因为此处整体地势较为平坦，所以地形因素对碳储量影响较小。在低平原生态修复区内，依旧是耕地向建设用地的转化所导致的生态系统碳储量损失最多，为33.6×10^4t；建设用地向其他地类的转化补偿了部分的碳储量损失，为10.2×10^4t。整个低平原生态修复区内，林地、草地的面积占比较小，土地转化面积较小，所以碳储量变化不大。

从碳收支角度来看，低平原生态修复区内地势平坦，经济发展水平相对其他生态安全区较高，建设用地占用耕地的情况发生得更加频繁，这导致了巨大的碳排放。与碳储量损失类似，耕地向建设用地的转变造成了碳排放44692.1×10^4t，即二氧化碳排放163871.0×10^4t。碳汇的增加与京津保中心区生态过渡带情况相似，低平原生态修复区内原有建设用地转出量也较少，未能有效补偿耕地以及相应的碳汇损失。

从总碳效应来看，耕地向建设用地的转化造成的碳排放最大，为44725.7×10^4t；草地向建设用地转化造成的碳排放次之，为 587.9×10^4t。碳汇的增加同样表现为建设用地向其他地类转化最多，为 13228.1×10^4t，但远不能补偿耕地转出带来的碳汇损失。

4.3.6 河北省整体土地利用变化碳效应

2000—2020 年河北省整体土地利用变化碳效应情况如表 4.9 所示。2000—2020 年土地利用变化面积为 21121.7km^2。基于地表面积的核算结果显示，河北省土地利用变化导致的碳排放共计 92653.9×10^4t（合 339731.0×10^4t 二氧化碳）。碳储量损失 181.9×10^4t（比基于投影面积的计算结果多出 39.2×10^4t），主要表现为林地和耕地向其他地类的转化，分别为 151.3×10^4t 和 69.4×10^4t。碳汇减少 92472.0×10^4t，主要表现为耕地、林地、草地这 3 类生态用地向其他地类的转化，分别造成碳损失 110820.5×10^4t、4870.8×10^4t、11298.3×10^4t；其次是水域、未利用地向其他地类的转化，分别为 2152×10^4t 和 1379.9×10^4t 损失。碳储量、碳汇的增加主要表现在建设用地转出的过程中，共增长了 37867.4×10^4t，主要来自建设用地向耕地的转化，占建设用地转出过程引发碳增长的 69.33%。

表 4.9 2000—2020 年河北省整体土地利用变化碳效应情况表

土地利用变化类型		面积/km^2	碳储量变化/10^4t		碳源（碳汇）变化/10^4t	总碳效应/10^4t	
			投影	表面积		投影	表面积
耕地	林地	689.1	41.9	73.4	7.9	49.7	81.2
	草地	843.6	12.0	34.9	7.5	19.6	42.5
	水域	785.0	-23.1	-23.9	1.6	-21.6	-22.4
	建设用地	8559.6	-129.3	-152.3	-110768.4	-110897.7	-110920.7
	未利用地	78.7	-1.3	-1.3	0.2	-1.0	-1.1
合计		10956.0	-100.0	-69.4	-110751.2	-110851.0	-110820.5
林地	耕地	272.0	-15.1	-27.9	-3.2	-18.2	-31.1
	草地	889.6	-38.1	-62.1	-2.2	-40.4	-64.3
	水域	22.5	-1.5	-2.5	-0.2	-1.6	-2.7
	建设用地	371.0	-31.7	-56.6	-4713.9	-4745.5	-4770.4
	未利用地	10.2	-1.3	-2.2	-0.2	-1.5	-2.3
合计		1565.1	-87.5	-151.3	-4719.5	-4807.1	-4870.8
草地	耕地	730.4	-9.5	-27.5	-6.6	-15.9	-34.1
	林地	1499.3	72.1	103.8	3.9	76.0	107.7
	水域	174.7	-6.2	-11.5	-1.2	-7.5	-12.6
	建设用地	871.4	-39.7	-74.5	-11284.9	-11324.6	-11359.4
	未利用地	137.0	3.0	1.1	-0.9	2.1	0.3
合计		3412.8	19.7	-8.7	-11289.7	-11269.9	-11298.3
水域	耕地	517.4	9.8	10.2	-1.0	8.7	9.2
	林地	68.6	6.3	10.2	0.5	6.8	10.8
	草地	120.1	6.8	10.3	0.7	7.7	11.2

续表

土地利用变化类型		面积 km^2	碳储量变化/10^4t		碳源（碳汇）变化 10^4t	总碳效应/10^4t	
			投影	表面积		投影	表面积
水域	建设用地	168.5	1.5	1.3	-2180.3	-2178.7	-2179.0
	未利用地	262.4	-4.1	-4.4	0.1	-3.9	-4.1
合计		1136.9	20.3	27.6	-2179.6	-2159.4	-2152.0
建设用地	耕地	2026.1	28.0	32.0	26219.9	26247.9	26251.9
	林地	28.1	2.5	4.3	363.8	366.3	368.0
	草地	88.0	4.4	7.0	1139.6	1144.0	1146.5
	水域	765.7	-45.1	-45.2	9910.5	9865.4	9865.3
	未利用地	18.2	0.1	0.0	235.9	236.0	235.9
合计		2926.2	-10.2	-2.2	37869.6	37859.3	37867.4
未利用地	耕地	584.8	14.8	13.1	-1.6	13.2	11.5
	林地	49.3	2.6	4.6	0.4	3.0	5.0
	草地	294.7	0.3	6.6	1.8	2.2	8.6
	水域	87.6	-1.3	-1.4	0.0	-1.3	-1.5
	建设用地	108.3	-0.6	-1.2	-1402.3	-1402.9	-1403.5
合计		1124.8	15.7	21.7	-1401.5	-1385.8	-1379.9
总计		21121.7	-141.9	-181.9	-92472.0	-92613.9	-92653.9

值得注意的是，基于投影面积与地表面积的碳储量核算结果呈现出较大的差异，相差 40.0×10^4t。尤其是在林地、草地的变化过程中，碳储量损失更为明显，如林地在向草地转化的过程中，基于投影面积和地表面积的结果显示，碳储量分别损失 38.1×10^4t 和 62.1×10^4t，这是由于河北省草地、林地都主要分布在燕山-太行山生态涵养区、坝上高原生态防护区内，地势最为起伏，所以采用两种面积核算方式时，结果呈现出较大差异。另外，基于地表面积的核算结果显示河北省草地在向其他地类转出过程中造成了碳排放，然而基于投影面积核算结果恰恰相反。这一差异主要来自草地向建设用地转化过程中碳储量损失值的差异，基于地表面积核算的碳排放（74.5×10^4t）近乎投影面积核算结果（39.6×10^4t）的两倍，而林地、草地常分布于地势起伏的山区、丘陵地带，且这类土地资源常常作为生态系统碳蓄积、碳增量的重要来源，如果仍只采用投影面积的计算方式，核算其向其他地类转出过程中的碳储量减少情况是不科学的，很大程度上会带来真实碳减少量的低估。

就碳源（碳汇）而言，碳汇的损失主要来自各用地类型向建设用地的转化，这是因为单位面积的建设用地碳源量很高，所以转化过程中会造成较大的碳排放量。以耕地向建设用地的转化在土地利用变化总面积中占比最大，碳汇损失最大，为 110768.4×10^4t。这说明，河北省在未来不能仅单一关注于林地、草地这类生态用地的管理，也要严格管理耕地向建设用地的转出，做好耕地补偿工作。

第 5 章　河北省生态系统碳汇能力评价

5.1　河北省森林生态系统碳汇能力评价

5.1.1　评价方法选择

考虑到方法的可操作性和实用性，同时兼具科学性，本研究采用森林蓄积量扩展法来计算河北省森林生态系统碳汇量。森林蓄积量扩展法不需要实地勘测，技术简单、实用性强、所需数据获取方便、成本低，适用于利用较大规模的森林资源清查数据宏观估算大范围森林碳汇量。

根据森林蓄积量扩展法的原理，森林总碳汇量包括林木碳汇量、林下植物碳汇量和林地碳汇量 3 个部分。其中，林木碳汇量以森林蓄积（树干材积）为计算基础，通过蓄积扩大系数计算树木（包括枝、树根）生物量，然后通过容积密度（干重系数）计算生物量，再通过含碳率计算林木碳汇量，这样计算出来以立木为主体的林木碳汇量。在此基础上，进一步根据树木生物量固碳量与林下植物碳转换系数的乘积求得林下植物碳汇量，林地碳汇量通过林下植物固碳量与林地碳转换系数的乘积求得。森林总碳汇量计算公式为

$$Q_t = Q_1 + Q_2 + Q_3 = S_i \times C_i + \alpha(S_i \times C_i) + \beta(S_i \times C_i) \tag{5.1}$$

$$C_i = V_i \times \delta \times \rho \times \gamma \tag{5.2}$$

式中：Q_t 表示森林总碳汇量；Q_1 表示林木碳汇量；Q_2 表示林下植物碳汇量；Q_3 表示林地碳汇量；S_i 表示第 i 类森林的面积；C_i 表示第 i 类型的森林碳密度；V_i 表示第 i 类森林的单位面积森林蓄积量；α 表示林下植物固碳量转换系数；β 表示林地固碳量转换系数；δ 表示生物量扩大系数；ρ 表示容积密度；γ 表示含碳率。

在计算森林总碳汇量时，各种换算系数一般取 IPCC 的默认值。林下植物固碳量转换系数 α 一般取值为 0.195，林地固碳量转换系数 β 一般取值为 1.244；生物量扩大系数 δ 一般取值为 1.90；容积密度 ρ 一般取值 0.50；含碳率 γ 一般取值为 0.50。

在 1994 年森林资源清查中森林郁闭度由 30% 变为 20%，为了与后面清查时期的数据保持一致，便于后续变化对比，采用方精云等（2007）的研究成果，将郁闭度为 30% 计算出的碳汇量统一转化为 20% 的森林碳汇量。转化公式如下：

$$TC_{0.2} = 1.122TC_{0.3} + 1.157 \qquad R^2 = 0.995 \tag{5.3}$$

式中：$TC_{0.2}$、$TC_{0.3}$ 分别表示郁闭度为 20% 和 30% 的森林碳汇量。

研究中使用森林活立木蓄积量代替森林蓄积量为对象来计算碳汇量。森林活立木蓄积量指的是一定范围内土地上全部树木蓄积的总量，包括森林蓄积、疏林蓄积、散生木蓄积和四旁树蓄积，这比单纯采用森林蓄积量计算的范围更大，计算的碳汇量更加精准。碳汇

量计算的数据采用的是森林资源清查数据。全国森林资源连续清查是掌握宏观森林资源现状和调整林业方针政策的重要依据，每5年复查一次，具有权威性。

5.1.2 碳汇能力测算

根据清查资料中的森林活立木蓄积量数据和上述公式，可以计算出河北省森林碳汇量的变化情况，计算结果如表5.1所示。

表5.1 河北省森林碳汇量计算结果表

全国森林资源清查时期	森林面积 10^4hm^2	活立木单位面积蓄积量 (m^3/hm^2)	碳汇量 10^6t	碳汇量变化 10^6t
第一次（1973—1976年）	202.00	36.25	95.20	
第二次（1977—1981年）	167.68	28.68	62.53	-32.67
第三次（1984—1988年）	201.08	30.74	80.35	17.82
第四次（1989—1993年）	248.06	30.81	99.36	19.01
第五次（1994—1998年）	336.13	23.37	91.02	-8.34
第六次（1999—2003年）	328.83	26.33	100.31	9.28
第七次（2004—2008年）	418.33	24.34	117.98	17.68
第八次（2009—2013年）	439.33	29.78	151.56	33.58
第九次（2014—2018年）	502.69	31.67	184.44	32.88
2021年	460.52	41.35	220.60	36.16

资料来源：林业专业知识服务系统（http://forest.ckcest.cn）。

具体结果显示，1973—2021年，活立木单位面积蓄积量从$36.25m^3/hm^2$增加到$41.35m^3/hm^2$，增加了$5.10m^3/hm^2$。2021年全国活立木单位面积蓄积量$95.57m^3/hm^2$，相对全国来说，河北省还存在非常大的增长空间。1973—2021年，碳汇量从95.20×10^6t增加到220.60×10^6t，增加了125.40×10^6t，增长率为131.72%。从全国不同森林资源清查时期来看，各时间段河北省森林碳汇量差异较大，前5次清查的平均碳汇量为85.69×10^6t，1999—2021年的平均碳汇量为154.98×10^6t，后者是前者的1.8倍多。由此可见，河北省森林固碳能力在显著提高。

将河北省森林按照用途、起源和树龄划分为不同类型，进一步计算出第九次全国森林资源清查时期河北省不同森林类型的碳汇量，计算结果如表5.2所示。

表5.2 河北省不同森林类型碳汇量结果表

划分方法	森林类型	面积/10^6hm^2	蓄积量/10^6m^3	碳汇量/10^6t
总量		5.03	137.38	159.16
按用途划分	防护林	2.84	89.36	103.53
	特用林	0.09	6.51	7.53
	用材林	0.79	39.47	45.73
	薪材林	0.08	0.58	0.68
	经济林	1.23	1.46	1.69

续表

划分方法	森林类型	面积/10^6hm^2	蓄积量/10^6m^3	碳汇量/10^6t
按起源划分	人工林	2.64	72.63	84.15
	天然林	2.39	64.75	75.01
按树龄划分	幼龄林	2.05	41.60	48.21
	中龄林	1.14	53.05	61.45
	近熟林	0.28	25.31	29.32
	成熟林	0.15	14.05	16.28
	过熟林	0.04	3.37	3.90

注：在按照不同划分方法测算碳汇量中，由于不同森林资源活立木蓄积量数据获取难度较大，故按森林蓄积量核算碳汇量。对树龄的划分是以乔木林为依据的，所以总面积为 $3.66\times10^6hm^2$。数据来源于林业专业知识服务系统（http：//forest.ckcest.cn）。

从表 5.2 可以看出，河北省防护林的面积最大，固碳量较大，碳汇量达到 103.53×10^6t；相比较之下，经济林的面积比用材林和特用林多，但森林蓄积量不如其他两类森林蓄积量，导致经济林固碳量并不多，仅为 1.69×10^6t，分别比用材林和特用林碳汇量少 44.04×10^6t 和 5.84×10^6t。河北省防护林面积占比大，主要与我国重大战略决策三北防护林体系建设工程有关。据统计，截至 2017 年底，河北省三北防护林体系建设工程累计完成造林 $258.1\times10^4hm^2$，产生了巨大的生态效益。

河北省人工林面积比天然林多 $24.39\times10^4hm^2$，碳汇量比天然林多 9.14×10^6t，人工林和天然林单位面积蓄积量分别是 $27.51m^3/hm^2$ 和 $27.09m^3/hm^2$。可以看出，河北省两种森林的面积、碳汇量和单位面积的蓄积量相差较小。河北省拥有中国最大的人工森林公园，位于承德市的塞罕坝国家森林公园。经过 50 多年的努力，该国家森林公园绿化面积已超过 112 万亩，生态效益逐渐显现。

已有研究和实践证明，森林固碳速率与林龄结构相关，其中幼龄林、中龄林的固碳速率相对较快，而成熟林和过熟林生长量和木材质量明显下降，固碳能力也开始逐步下滑。表 5.2 中的数据也证实了此结论，在按树龄划分的森林类型碳汇量核算中，河北省幼龄林的碳汇量为 48.21×10^6t，占比为 30.29%；中龄林的面积虽然比幼龄林少，但蓄积量高，固碳效果明显，固碳量为 61.45×10^6t，占比达到 38.61%；当树龄增长到近熟林时，固碳能力有所下降，河北省近熟林的碳汇量为 29.32×10^6t，而成长到过熟林时，树木的固碳能力变得更加微小，只有 3.90×10^6t，占比仅为 2.45%，并且树木到了生命周期末端，逐步走向死亡，就会成为碳源，造成碳的释放。从不同树龄的面积可以看出，目前，河北省森林资源中幼龄林和中龄林面积占森林总面积的 63.42%，说明河北省近年来重视植树造林，取得较好的成效，并且伴随幼龄林、中龄林的生长，森林质量不断提升，河北省森林将具有更高的固碳速率和更大的“碳库”潜力。

5.1.3 碳汇能力评价

为了更直观地展示河北省在全国范围内森林碳汇的水平，我们进一步收集了全国各省（自治区、直辖市）森林活立木蓄积量的数据，按照上述森林蓄积量扩展法的公式，计算出全国各省（自治区、直辖市）森林碳汇量，纵向比较河北省森林碳汇水平。

图 5.1 分别展示了第三、第六、第九次全国森林资源清查时期和 2021 年全国各省（自治区、直辖市）森林碳汇量的分布情况（因为重庆市 1997 年设立为直辖市，此前的森林清查数据一直归于四川省，故重庆市第三次全国森林资源清查时期（1984—1988 年）数据归于四川省）。比较这 4 张图可以观察到森林碳汇量的时空变迁及河北省与各省（自治区、直辖市）之间的差距。2021 年，各省（自治区、直辖市）森林碳汇量范围的最高值为 2791.78×10^6t（云南省），最低值为 8.57×10^6t（天津市），其中有 9 个省（自治区、直辖市）高于同期全国平均森林碳汇量（805.02×10^6t），除了云南省外，还有黑龙江省（2760.45×10^6t）、西藏自治区（2705.66×10^6t）、四川省（2489.76×10^6t）、内蒙古自治区（2097.78×10^6t）、吉林省（1485.88×10^6t）、广西壮族自治区（1147×10^6t）、福建省（1052.92×10^6t）、江西省（891.13×10^6t）。

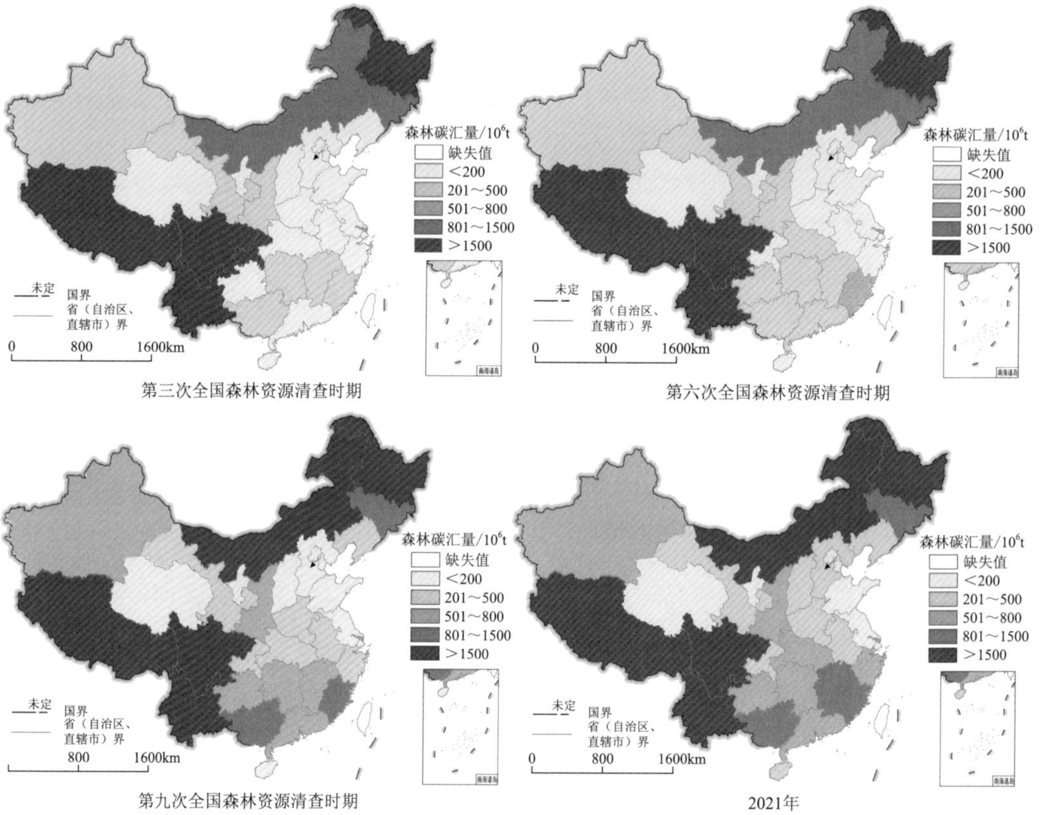

图 5.1　全国各省（自治区、直辖市）森林碳汇量分布情况图（彩版见图版 1.1）

云南省森林碳汇量居全国第一。一方面是由于该地区独特的自然地理环境，位于中国的南部，热带气候有利于森林的生长和发展，森林资源基础坚实，且森林植被种类多样，本身就拥有丰富的碳汇储量；另一方面是由于云南省实施禁牧育草、退耕还林、天然林保护、建立自然保护区等相关项目，极大地增加了绿地面积，成为全国森林碳汇量最丰富的地区。碳汇量低于 100×10^6t 的有青海省（67.82×10^6t）、北京市（44.31×10^6t）、宁夏回族自治区（15.11×10^6t）、上海市（12.61×10^6t）、天津市（8.57×10^6t）等，这些低森林碳汇量的省（自治区、直辖市）可以进一步归纳为两类。一类为上海市、北京市、天津市经济发达地区。北京市、天津市是我国北方重要的经济中心，发达的经济发展水平与城镇化水平导致森林和绿地种植面积十分有限，森林覆盖率远远低于全国平均水平，森林承载力处于强承载状态。位于中国东部沿海的上海市，地理面积较小、人口密度较高、农业活动频繁，导致了对森林土地的大量占用，进而使得该区域的森林覆盖率降低，碳吸收能力受限。另一类是宁夏回族自治区和青海省这样的地区。因其自然条件恶劣，生态系统稳定性不强，加之不利的气候条件，影响了这些地区森林的经营和发展。以青海省为例，青海省地处青藏高原，气温低、降水少、太阳辐射强，森林种植条件缺乏，此外青海省多以放牧为生，牛羊啃食草原，破坏土壤，影响森林生长，导致青海省碳汇水平偏低。

在第三次全国森林资源清查中河北省森林碳汇量在全国排名第二十一，在第六次全国森林资源清查中河北省森林碳汇量排名第二十二，在第九次全国森林资源清查中河北省森林碳汇量排名第二十三，在 2021 年全国森林资源清查中排名第二十二，排名在全国范围内偏低。与河北省面积相差较小的省（自治区、直辖市），如吉林省、陕西省、湖南省、湖北省森林碳汇量均显著高于河北省。第三次全国森林资源清查到第六次全国森林资源清查期间河北省森林碳汇增长率是 24.83%，第六次全国森林资源清查到第九次全国森林资源清查期间河北省森林碳汇增长率是 88.88%，第九次全国森林资源清查到 2021 年河北省森林碳汇增长率是 19.61%，排名第十五名，与其他省（自治区、直辖市）相比，河北省森林碳汇量水平落后，且增长率较缓慢，但蕴藏着巨大的碳汇潜力。

图 5.2 展示了第五次全国森林资源清查时期（1994—1998 年）和第九次全国森林资源清查时期（2014—2018 年）全国各省（自治区、直辖市）森林碳密度。可知，在 1994—1998 年调查期，各省（自治区、直辖市）森林碳密度的最高值为 332.35×10^3kg/hm^2（西藏自治区），最低值为 28.36×10^3kg/hm^2（浙江省），其中有 9 个省（自治区、直辖市）森林碳密度高于同期全国森林碳密度（91.02×10^3kg/hm^2）；在 2014—2018 年调查期，各省（自治区、直辖市）森林碳密度的最高值为 179.12×10^3kg/hm^2（西藏自治区），最低值为 15.34×10^3kg/hm^2（青海省），其中仅有 6 个省（自治区、直辖市）森林碳密度高于同期全国森林碳密度（99.89×10^3kg/hm^2）。对比两次调查期，森林碳密度发生了较大变化，有 9 个省（自治区、直辖市）森林碳密度出现了不同程度的下降，下降最多的是西藏自治区（下降 153.23×10^3kg/hm^2），其次是青海省（下降 124.54×10^3kg/hm^2）、新疆维吾尔

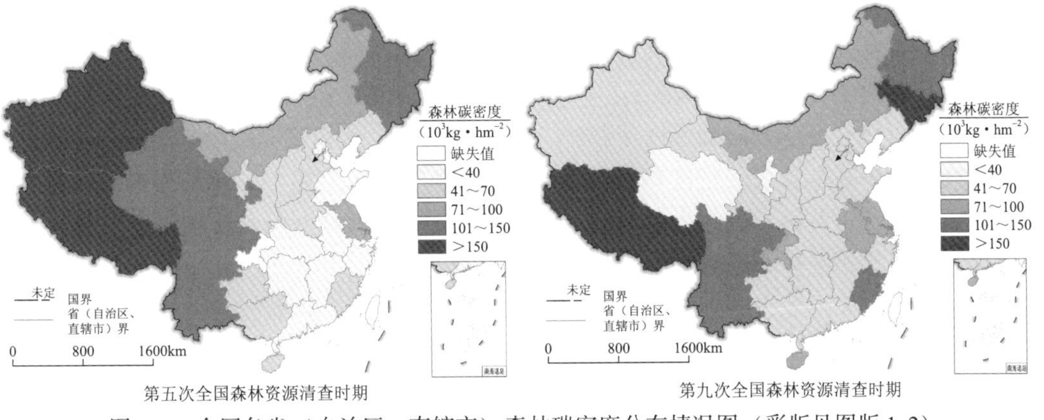

图 5.2　全国各省（自治区、直辖市）森林碳密度分布情况图（彩版见图版 1.2）

自治区（下降 121.21×10^3kg/hm^2）、甘肃省（下降 37.92×10^3kg/hm^2）；福建省（增长 47.00×10^3kg/hm^2）、安徽省（增长 38.87×10^3kg/hm^2）、海南省（增长 34.86×10^3kg/hm^2）、浙江省（增长 31.74×10^3kg/hm^2）等森林碳密度呈显著的增长。河北省在第五次全国森林资源清查时期的森林碳密度是 45.38×10^3kg/hm^2，第九次全国森林资源清查时期的森林碳密度是 61.22×10^3kg/hm^2，碳密度上升了 15.84×10^3kg/hm^2，不过与全国平均森林碳密度相比还有很大差距。

5.2 河北省草原生态系统碳汇能力评价

5.2.1 评价方法选择

就草原生态系统碳汇能力评价方法而言，部分学者采用碳密度法、植物类型法、土壤类型法、生物物理模型、生物地理模型、动力学模型和生物地球化学等模型来估测草原植被和土壤碳汇能力。但数据来源与估算方法、土壤砾石含量、土壤容重环境、草原类型和植物种类等参数的不同导致碳储量和碳汇量结果也出现较大的差异。相较于其他模型，InVEST 模型和 PLUS 土地利用模拟模型因其具有数据易获取、模型精度高、结果空间可视化强等优点，被广泛应用于测算不同土地类型的碳储量，本部分选用 InVEST 模型测算草地碳汇能力。

InVEST 模型是由美国斯坦福大学、大自然保护协会和世界自然基金共同研发的。其模型碳储量估算主要由地上生物碳（所有存活于土壤以上植物材料中的碳）、地下生物碳（存在于植物活根系统中的碳）、土壤碳（分布在有机和矿质土壤中的有机碳）、死亡有机碳（凋落物、倒立或站立的已死亡树木中的碳）等 4 个基础碳库组成。研究区域碳储量的估算由 4 个碳库数据之和乘以对应的地类面积之积计算得出，公式如下：

$$C_{\text{total}} = C_{\text{above}} + C_{\text{below}} + C_{\text{soil}} + C_{\text{dead}}$$

$$C_{\text{total}} = \sum_{i=1}^{n} C_i S_i \tag{5.4}$$

式中：C_{total} 表示区域总碳储量；C_{above} 表示区域地上生物碳储量；C_{below} 表示区域地下生物碳储量；C_{soil} 表示区域土壤碳储量；C_{dead} 表示区域死亡有机碳储量；S_i 表示该土地利用类型 i 的总面积；C_i 表示不同土地利用方式 i 的 4 个碳库总碳储量；n 表示土地利用类型总数量（本研究分为 6 种地类，n 为 6）。

参考已有研究草原资源碳密度值并结合修正公式计算得出适合研究区域的碳密度值。已有研究表明植被和土壤碳密度在相同气候区的地类之间差别较小，参考相近研究区域的文献，设置草原资源碳密度如表 5.3 所示。已有文献表明死亡有机物中碳的含量较低，故将草原死亡有机物中碳密度设为 0。

表 5.3 河北省草原资源修正后碳密度值表 单位：t/hm^2

地类	地上生物碳密度	地下生物碳密度	土壤碳密度	合计
草地	1.32	7.06	54.34	62.72

5.2.2 碳汇能力测算

InVEST 模型结果如表 5.4 所示。整体来看，河北省草原资源碳汇能力逐步下降。1990—2000 年间碳汇量下降了 8.7761×10^6t，2000—2010 年间碳汇量下降 1.9320×10^6t，下降幅度有所减少，但 2010—2020 年间碳汇总量下降 25.3974×10^6t，草原资源碳汇量达到 20 年间的最低值。由于 InVEST 模型碳储存模块输入的生物碳密度与土壤碳密度各年一致，河北省草原资源碳汇能力下降的原因实质上是草原资源面积的减少，这一变化尤其体现在 2010—2020 年间的变化中。可见，随着城镇化发展、人类活动等对草原资源碳汇能力影响程度的进一步加强，经济发展与生态保护矛盾突出的实际问题亟须解决。另外，河北省 11 个地级市中草原资源碳汇能力最高的分别是张家口市、承德市、保定市，其中张承地区草原资源碳汇能力超过河北省草原资源碳汇能力的 73%，河北省相关部门针对草原资源恢复和治理方面可以重点关注张承地区。

表 5.4　河北省草原资源碳汇量表　　单位：10^6t

行政区域	1990 年	1995 年	2000 年	2005 年	2010 年	2015 年	2020 年
石家庄市	12.4064	13.0809	12.5864	10.4416	9.0608	8.4162	7.4440
唐山市	2.6380	2.4323	1.9402	1.7659	1.7677	1.6773	1.6620
秦皇岛市	5.1470	4.5484	3.8900	3.7154	3.6947	2.9030	2.8035
邯郸市	6.5956	7.0606	7.4564	6.6945	6.6817	6.3135	6.2452
邢台市	5.4200	5.9864	5.6726	4.8316	4.6795	4.1444	4.3354
保定市	27.5159	26.4991	25.9098	24.8396	23.5475	22.8729	20.7944
张家口市	96.5627	93.4312	98.7104	106.7709	109.6830	110.3750	102.6218
承德市	78.0105	70.5444	69.5382	66.4350	64.6853	58.4332	52.5204
沧州市	0.1499	0.0312	0.0110	0.0033	0.0026	0.0007	0.0003
廊坊市	0.0976	0.0891	0.0795	0.0655	0.0608	0.0621	0.0417
衡水市	0.0310	0.0208	0.0040	0.0014	0.0029	0.0013	0.0004
总计	234.5746	223.7244	225.7985	225.5647	223.8665	215.1996	198.4691

5.2.3 碳汇能力评价

河北省作为我国能源消耗大省，经济发展过程中很大程度上依赖于高耗能的工业产业，在推进碳达峰、碳中和行动中面临着机遇和挑战。河北省草原资源固碳能力前文测算结果 2020 年为 198.4691×10^6t（表 5.4），其碳储能力呈逐步下降趋势。根据宋丽弘等（2012）测算，以围栏、补播、改良等综合措施，保护建设 1hm^2 天然草原，投入约 1000 元，固碳能力可达 5t，平均每吨碳的成本约为 200 元。人工造林每固定 1t 碳的成本约为 450 元，是草原的 2.25 倍，若采用工业减排措施，每吨碳的成本则高达万元。可见，与人工林、工业减排等减碳方式相比，草原碳汇效能更强。未来应合理利用草原资源，寻求草原资源的环保机制和增加草原碳汇的固持能力，积极开展草原生态保护建设试点，立足河北省实际情况，尤其是针对张承地区草原生态保护修复建设面临的突出矛盾和问题，进一步提升河北省草原植被盖度，逐步提高草原植被固碳能力和稳定性，并积极开展草原生态修复资金担保、草原保险等试点，促进草原自我更新修复能力不断提升，生物多样性日益丰富，才能使草原退化趋势得到根本遏制，不断增加河北省草原资源碳汇量，在实现碳达峰、碳中和的同时能够为河北省草原资源碳汇创造巨大的经济价值。

5.3 河北省耕地生态系统碳汇能力评价

耕地生态系统碳汇能力评价按照研究对象可分为农作物生物碳评价、土壤有机碳评价和农田生态系统碳汇评价。“自下而上”的估算方法包括农作物碳汇和农田土壤碳汇两个方面。这两方面国内外学者均有大量研究。国内外学者均认为农业生态系统有巨大的碳汇潜力，农田土壤有机碳固定是重要的碳汇方式。学者普遍认为农作物碳汇量基本为零（方精云等，2007），但从区域尺度分析，仍具有强大的碳储能力。区域尺度上的种植业的净碳汇量由于选用方法和基础数据的相同，不同学者对相同地区种植业的净碳汇量计算结果相差不大。然而，相同地区的土壤有机碳储量在不同学者的研究下出现差异。Eswaran et al.（1993）和 Batjes（1996）估算全球 1m 土壤有机碳结果稍有区别，分别为 1.576×10^{12}t 和 $1.2\times10^{12}\sim1.6\times10^{12}$t。潘根兴等（2003）和解宪丽等（2004）估算我国表层土壤有机碳储量明显不同，分别为 200×10^{8}t 和 279×10^{8}t，主要由于两者采取的计算方法不同。

5.3.1 评价方法选择

评价方法详见 2.3.2.3。

5.3.2 碳汇能力测算

5.3.2.1 耕地生态系统种植业碳汇能力测算

（1）数据来源

耕地生态系统种植业碳汇能力的测算需要各主要农作物的经济产量、农药使用量、化肥使用量、农膜使用量、柴油使用量、翻耕面积和灌溉面积。以上数据均来自 2001—2021 年度的《河北农村统计年鉴》。

（2）研究方法

估算种植业碳汇能力采用模型估算法。种植业碳汇是指在一定时期内（通常是 1 年）某特定区域农业生产活动中农作物通过光合作用吸收空气中的二氧化碳减去作物呼吸作用产生的量。估算农作物碳吸收量时采取李克让的方法（即统计分析法）（李克让，2002），先把从统计年鉴收集到的各农作物经济产量转化为生物产量再乘以相应的二氧化碳吸收系数得到不同农作物的碳吸收量，再将每种农作物碳吸收量相加，即为研究区内种植业碳汇量。根据数据的可得性和河北省农作物种植情况，本书研究以小麦、水稻、玉米、大豆、薯类、棉花、花生和蔬菜等农作物为主要的碳汇来源，种植业碳汇量计算公式为

$$C=\sum_{i=1}^{k}C_i=\sum_{i=1}^{k}c_i\times\frac{Y_i\times(1-r)}{H_i} \tag{5.5}$$

式中：C 表示总体农作物的碳吸收量；C_i 表示不同农作物的碳吸收率；k 表示常见农作物种类；c_i 表示农作物通过光合作用吸收合成单位有机碳所需的碳；Y_i 表示第 i 类作物的经济产量；r 表示农作物经济产量的含水量；H_i 表示第 i 类作物的经济系数。以上具体参数均参考李克让（2002），如表 5.5 所示。

表 5.5　河北省主要农作物碳汇量估算参数表

分类	品种	经济系数（H_i）	含水量（r）	碳吸收率（C_i）
粮食作物	小麦	0.40	0.12	0.485
	水稻	0.45	0.12	0.414
	玉米	0.40	0.13	0.471
	大豆	0.34	0.13	0.450
	薯类	0.70	0.70	0.423
	棉花	0.10	0.08	0.450
	花生	0.43	0.10	0.450
园艺作物	蔬菜	0.60	0.90	0.450

农作物生产过程中的碳排放量用 IPCC 的碳排放系数法，主要考虑农药、化肥、农膜、柴油、翻耕、灌溉等方面会产生的碳排放量，具体公式为

$$E = \sum EF_i \times AD_i \tag{5.6}$$

式中：E 表示种植业总体碳排放量；EF_i 表示第 i 类碳源的碳排放系数；AD_i 表示第 i 类碳源的数据。表 5.6 中的排放系数参考 IPCC 的相关系数。

表 5.6　河北省主要碳排放量估算参数表

	农药	化肥	农膜	柴油	翻耕	灌溉
碳排放系数	4.9341	0.8956	5.1800	0.5927	312.6000	266.4800
单位	kg/kg	kg/kg	kg/kg	kg/kg	kg/hm^2	kg/hm^2

最后计算净碳汇量，即种植业碳汇量减去种植业排放量，具体公式如下所示：

$$C_{净} = C - E \tag{5.7}$$

式中：$C_{净}$ 表示种植业的净碳汇量；C 和 E 分别表示种植业的碳吸收量和碳排放量。

5.3.2.2　耕地生态系统土壤碳汇能力测算

（1）数据来源

耕地生态系统土壤碳汇能力测算需要 3 类数据：土壤数据、土地利用数据、行政区划数据。

2010 年土壤表层数据来自《中国土系志·河北卷》，该书由中国科学院南京土壤研究所及多家大学、科研单位采样、计算、编制而成，土壤样品采于 2010 年和 2011 年，基于最大程度代表河北省土壤情况进行采样位置选择，共包括个 162 采样点，均用 GPS 定位记录坐标。样点数据主要包括土壤表层即 20cm 厚度的土壤样品的有机碳含量、砾土含量、质地、pH 值和定位坐标等。1990 年土壤表层数据来自全国第二次土壤普查数据，样

点数据主要包括土壤表层即 20cm 厚度的土壤样品的有机碳含量、质地、pH 值和定位坐标等。

土地利用数据来自黄昕和杨杰利用 GEE 平台的 Landsat 遥感数据（Yang et al.，2021），利用随机森林的方法制成的 30m 的土地利用 tiff 数据。行政区划数据来自阿里云平台。

（2）研究方法

土壤有机碳密度（SOCD）指一定深度下，单位面积的土壤有机碳的总量。由于耕地土壤耕层（0~20cm）与外界环境、农作物有直接的物质、能量交换，是农作物主要的营养来源，此外耕地表层土壤极易受人类与环境的影响，其有机碳储量较不稳定，因此本研究所估算的耕地生态系统土壤碳汇均指耕地土壤耕层即 0~20cm 的土壤碳汇能力，但需要计算除耕地外的土地利用类型的土壤有机碳密度，所采用的计算公式如下所示：

$$\mathrm{SOCD} = \sum_{i=1}^{n} D_i \times P_i \times \mathrm{SOC}_i \times (1 - V_i)/100 \tag{5.8}$$

式中：SOCD 表示土壤表层有机碳密度（kg/m^2）；D_i 表示第 i 层土壤深度（cm）；P_i 表示第 i 层土壤容重（g/cm^3）；SOC_i 表示第 i 层土壤有机碳含量（g/kg）；V_i 表示第 i 层土壤中的砾土含量（%）。土壤深度与土壤有机碳含量均可从已知资料中获取，2010 年缺少土壤容重数据，采用 Song et al.（2005）计算的土壤有机碳密度与容重的关系来计算土壤容重，即

$$\text{耕地：} P = 1.3770 \times e^{(-0.0048\times \mathrm{SOC})}$$
$$\text{其他：} P = 1.3565 \times e^{(-0.0046\times \mathrm{SOC})}$$

本研究所计算的土壤有机碳储量指的是 20cm 内的土壤有机碳总量，计算公式如下所示：

$$\mathrm{SOCR} = \sum_{j=1}^{N} \mathrm{SOCD} \times L^2 \tag{5.9}$$

式中：SOCR 表示耕地土壤有机碳总量；j 表示耕地栅格单元数；SOCD 表示由不同方法得到的某深度下的土壤有机碳密度；L 表示栅格大小。

克里金插值法由南非矿产工程师克里立格提出。该方法以变异函数理论和结构分析为基础，依据协方差函数对随机场进行空间建模和预测的回归算法，不仅考虑样本数值的大小，也考虑样本的空间位置及相互间的位置的关系。地统计学方法利用半变异函数来描绘土壤有机碳的空间变异结构，通过 GS+9.0 软件对样点数据进行与半变异理论模型的拟合，可以评价是自然因素还是人为因素对土壤有机碳密度的影响程度更大，其拟合公式如下：

$$y(h) = \frac{1}{2N(h)} \sum_{i=1}^{N(h)} [Z(x_i) - Z(x_i + h)]^2 \tag{5.10}$$

式中：$y(h)$ 表示一定距离采样点之间的半变异函数值；h 表示采样点的空间距离；$N(h)$ 表示一定距离的样本数目；x_i 和 x_i+h 表示不同的空间位置；$Z(x_i)$ 和 $Z(x_i+h)$ 分别表示各相应位置的土壤有机碳密度。

GS+9.0 软件提供的常用模型有指数模型、球形模型、线性模型和高斯模型。以往学者多以决定系数最大、残差平方和最小来选择模型。半变异函数有块金值、偏基台值、基

台值等参数。块金值指的是随机差异的大小，即人为因素影响的差异大小；偏基台值指的是自然因素引起的差异大小；基台值指的是系统内的总变异。块基比用来反映人为因素引起的变异占总系统变异的比值，可以评价哪个因素引起的空间变异程度更大。Cambardella et al.（1994）指出：当块基比<25%时，变异主要由自然因素引起；当25%<块基比<75%时，具有中等的空间相关性；当块基比>75%时，变异主要由人为因素引起。

根据在GS+9.0软件中得到的适合模型和相关参数，在ArcGIS的地统计模块中用合适的模型进行空间插值。ArcGIS地统计模块包含多种插值方法，有简单克里金法、普通克里金法和泛克里金插值法等。本研究选择普通克里金法进行河北省土壤有机碳密度的插值。

普通克里金法是应用较为广泛的插值方法之一，对空间结构进行观察，进行插值，得出最为精准的插值结果。相较于简单克里金法，该方法不对误差的期望值有要求，其计算公式为

$$Z^*(x_0) = \sum_{i=1}^{n} w_i Z_{xi} \tag{5.11}$$

式中：w_i 表示第 i 点的权重系数；Z_{xi} 表示第 i 点的实测值；$Z^*(x_0)$ 表示第 i 点的模拟值。

克里金插值法实际上是用已知点数据来预测未知点的数据，因此需要验证插值结果的精度，将原本采样点的数据分成训练部分和测试部分（本研究的划分比例为7：3），检验的标准为均方根误差（RMSE）。

5.3.3 碳汇能力评价

5.3.3.1 耕地生态系统种植业碳汇能力评价

利用种植业碳汇计算公式、河北省农作物经济产量数据、碳汇估算参数和碳排放量估算参数对2001—2020年河北省种植业净碳汇量进行计算，如表5.7所示。

表5.7 2001—2020年河北省种植业碳源（碳汇）量表

年份	碳吸收量/10^4t	碳排放量/10^4t	净碳汇量/10^4t	碳密度/(t·hm^{-2})
2001	3083.608068	844.4616787	2239.146389	3.266900090
2002	3066.499044	850.5179247	2215.981119	3.311818960
2003	3093.965242	876.0596335	2217.905608	3.419258751
2004	3286.841529	998.9078325	2287.933697	3.551859264
2005	3414.177157	1024.6493520	2389.527805	3.735826156
2006	3633.203697	1018.5838980	2614.619799	4.140109319
2007	3603.062680	1047.9302450	2555.132435	4.046433281
2008	3713.215569	958.1483995	2755.067170	4.351097649
2009	3690.703455	944.9454808	2745.757974	4.184745479
2010	3779.064194	950.7924660	2828.271728	4.317036197
2011	4043.792590	946.5475348	3097.245055	4.718691143

续表

年份	碳吸收量/10^4t	碳排放量/10^4t	净碳汇量/10^4t	碳密度/(t·hm^{-2})
2012	4112. 968807	950. 4731424	3162. 495665	4. 822105116
2013	4214. 118899	963. 8356454	3250. 283254	4. 961355559
2014	4290. 806663	968. 0244536	3322. 782209	5. 082463067
2015	4299. 113253	970. 5069530	3328. 606200	5. 100944912
2016	4314. 953442	922. 2290167	3392. 724425	5. 203166054
2017	4351. 005222	905. 2846012	3445. 720621	5. 285771778
2018	4208. 497706	871. 9819372	3336. 515769	5. 114570700
2019	4254. 237566	840. 2567847	3413. 980781	5. 581936438
2020	4355. 401475	791. 6730124	3563. 728463	5. 928342870

河北省种植业碳源（碳汇）主要表现为以下特征：

1）种植业碳吸收量总体呈上升趋势，而种植业碳排放量在 2001—2020 年的 20 年间有微弱的下降趋势。种植业碳吸收量从 2001 年的 3083. 61×10^4t 到 2020 年的 4355. 40×10^4t，年均增长 2. 06%。玉米和小麦每年的碳吸收量都占到总农作物吸收量的 70% 以上，而且每年玉米和小麦的经济产量都位居前列。虽然 20 年间蔬菜的经济产量位于农作物之首，但由于其含水量较高，所以其碳吸收量较低。种植业碳排放量在 20 年间呈先上升后下降的趋势，但总体碳排放量还是在减少。从 2001 年的 844. 46×10^4t 到 2020 年的 791. 67×10^4t，年均降低 0. 31%。农药、柴油的碳排放量均有微弱的下降，但主要还是化肥使用量的减少和较少的翻耕行为导致的。

2）种植业碳密度呈上升趋势，从 2001 年的 3. 27t/hm^2 到 2020 年的 5. 93t/hm^2，年均增长 4. 06%。而且从图 5. 3 可以看出种植业碳密度和净碳汇量有着相似的上升趋势。综上推断河北省种植业净碳汇量增加主要是由于农业生产效率提高：单位面积的农作物产出增加和农资使用量减少。

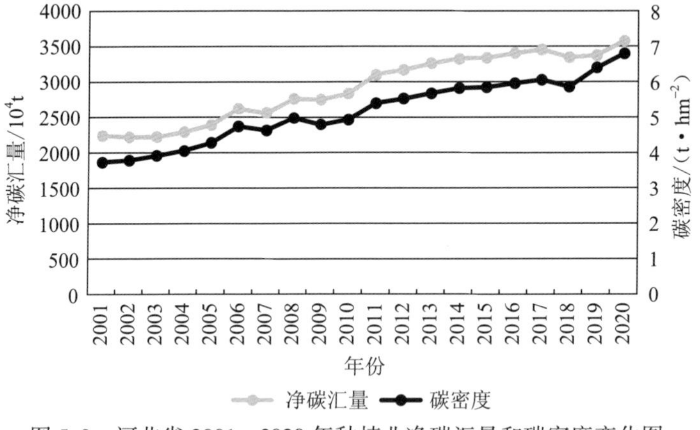

图 5. 3　河北省 2001—2020 年种植业净碳汇量和碳密度变化图

5. 3. 3. 2　耕地生态系统土壤碳汇能力测算

利用 GS+9. 0 软件对 2010 年的土壤有机碳密度的空间变异进行了分析，按照 R^2 最大、残差平方和（RSS）最小来选择拟合模型。在 GS+9.0 软件中导入采样点的坐标（空间坐标系）和土壤有机碳数据，自动生成各项参数，球形模型的模拟效果最好，具体参数情况如表 5.8 所示。

表 5.8　河北省表层土壤有机碳半变异模型参数表

模型	块金值	基台值	块基比	变程①	决定系数	残差平方和
球形模型	0.409	0.819	0.501	290300	0.618	0.142

①变程是当变异函数的值达到平衡的时间。

从表 5.8 可以看出，块基比为 0.501，这说明土壤有机碳的情况受自然因素和人为因素共同作用，人类的行为可以改变土壤有机碳储量。决定系数为 0.618，可以用该方法对河北省土壤有机碳进行插值。

接着利用 ArcGIS 的地统计模块，根据 GS+9.0 软件选择出的球形模型和参数，对河北省土壤有机碳密度进行插值，RMSE 值为 2.05，精度符合一般要求，可以通过该方法估算河北省土壤有机碳密度。

相比于河北北部的高原部分，河北南部的平原有机碳密度会更低。河北南部耕地较多，更加说明了土壤有机碳密度分布受人类活动的影响。河北省土壤有机碳密度在 0.63~8.95kg/m^2 之间，平均值为 2.09kg/m^2。河北省土壤有机碳密度与奚小环（2010）测的其他地区数据相比更少，土壤碳汇潜力较大。

接着使用 ArcGIS 的分区统计来计算河北省耕地表层土壤有机碳储量。在此之前需要对 2010 年河北省土地利用图进行处理，把栅格数据转为只体现耕地的矢量数据。最后通过像元面积大小与插值图的数值相乘，计算出 2010 年河北省耕地表层土壤有机碳储量为 1.81×10^8t。接着利用全国第二次土壤普查数据，使用土壤类型法，计算出 1990 年河北省耕地表层土壤有机碳储量为 1626×10^4t。从前文的土壤类型法的优劣势中可以得知该方法计算的耕地表层土壤有机碳储量不够准确，但还是可以为后续的土壤有机碳储量计算提供参考。

5.3.4　影响因素分析

5.3.4.1　种植业净碳汇影响因素分析

本书采用灰色关联模型对河北省种植业净碳汇影响因素进行分析。灰色关联模型可以用来解决多因素和非线性问题，主要通过计算母序列和子序列的灰色关联度来判断因子之间的关系，灰色关联度越大说明两因素关系越紧密。

本书根据河北省农业情况和其他参考文献研究种植业净碳汇量与农业人均 GDP、农业从业人口、农业技术水平、农业种植规模、农村用电量和农作物结构的关联关系。2010—2020 年的河北省种植业净碳汇量来自表 5.7，其他影响因素数据来自各年度的《河北农村统计年鉴》。具体计算流程如下所示：

第一步：选择系统特征序列为参考序列（x_0）和影响系统行为的比较序列（X_i）。

第二步：采用初值法对各序列农作物进行无量纲化处理。

第三步：计算绝对差值并得到两级最小差（D）和两级最大差（L）。

第四步：选取分辨率 $\rho=0.5$，计算灰色关联度。当灰色关联度>0.6 时，说明因素之间关系密切，当 $r>0.7$ 时，为一级影响因素。

$$\zeta(k)=\frac{D+\rho\times L}{|x_0(k)-X_i(k)|+\rho\times L} \tag{5.12}$$

式中：k 表示某年比较序列值与参考序列值之差。

通过上述方法和已有的数据，利用 MATLAB 软件，计算出两级最小差为 0、两级最大差为 0.6438，灰色关联度为：$r_1=0.7706$，$r_2=0.7073$，$r_3=0.6132$，$r_4=0.6636$，$r_5=0.8344$，$r_6=0.7116$。

从上述计算结果中可以看出，河北省种植业净碳汇量与农业人均 GDP、农业从业人口、农业技术水平、农业种植规模、农村用电量和农作物结构的关联度都不低。农村用电量、农业人均 GDP 和农作物结构的灰色关联度位列前 3 位；农业种植规模和农业技术水平的灰色关联度关联位列后 2 位。

5.3.4.2 耕地土壤有机碳影响因素分析

耕地土壤有机碳的变化受外界气候条件和人为管理措施共同影响。为分析有机碳（SOC）含量对不同因素的敏感程度，运用 DNDC 模型的 Uncertainty 模块中的蒙特卡罗模拟，以中国科学院栾城农业生态系统试验站的施化肥+秸秆还田的试验观测场为基准情景，分别对气候模块、土壤模块及农作物模块的参数进行敏感性分析。

该试验站位于河北省石家庄市栾城区聂家庄村（东经 114.41°、北纬 37.53°，海拔 50.1m），属于暖温带半湿润季风气候区，年平均气温为 12.2℃，年平均降水量为 536.88mm，多集中于夏季，无霜期 200d 左右。试验观测场与周边农户的施肥、灌溉、耕作和轮作等田间作业完全相同，种植制度为冬玉米-夏小麦轮作。

DNDC 模型所需数据主要有气候数据、土壤数据和农田管理数据。气象数据下载自国家青藏高原数据中心的中国地面气候资料日值数据集（V3.0）中的栾城站数据，其数据经过质量控制后，正确率均接近 100%；土壤数据中的土壤有机质、全氮、有效磷和速效钾均为实测数据，土壤容重和 pH 值来自全国第二次土壤普查数据，SOC 值为实测数据；综合观测场的农田管理数据均来自栾城站长期监测中的实际数据，主要包括农作物种植与收获时间、施肥数量、灌溉量等。

变更因子主要有气候模块的日均温度、日均降水量，土壤模块的初始有机碳含量、酸碱度 pH 值和农作物模块的秸秆还田比例和化肥施用量。具体各参数基准值和变更情况如表 5.9 所示。

表 5.9 敏感性分析各参数基准值和变更情况表

模块	参数	基准值	变更值或比例
气候模块	日均温度/℃	14.65	逐日增加、减少 0.25
	日均降水量/cm	1.37	逐日增加、减少 0.10
	大气二氧化碳质量浓度/（$g\cdot cm^{-3}$）	400.38	320.38、480.38
土壤模块	初始有机碳含量/（$g\cdot kg^{-1}$）	10.4	8.53、12.84
	酸碱度 pH 值	8.09	6.47、9.70
作物模块	秸秆还田比例/%	50	0、100

利用 DNDC 模型对主要影响因素进行敏感性分析，初始有机碳含量、秸秆还田比例和大气二氧化碳质量浓度与 SOC 值均呈正相关。其中，初始有机碳含量的敏感性指数最大，为0.85；土壤的酸碱度 pH 值对 SOC 值暂无明显影响；日均温度和日均降水量与 SOC 值呈负相关，日均温度的敏感性指数最小，为-0.216。具体结果如表 5.10 所示。

表 5.10　土壤有机碳对影响因素的敏感性指数表

测试参数	参数变化范围	敏感性指数
日均温度/℃	-0.25~0.25	-0.216
日均降水量/cm	-0.1~0.1	-0.037
大气二氧化碳质量浓度/(g·cm^{-3})	320.38~480.38	0.017
初始有机碳含量/(g·kg^{-1})	8.53~12.84	0.85
酸碱度 pH 值	6.47~9.70	暂无影响
秸秆还田比例/%	0~100	0.094

5.4　河北省海洋生态系统碳汇能力评价

5.4.1　评价方法选择

2022 年自然资源部批准发布了《海洋碳汇核算方法》行业标准，准确详细地提出了海洋碳汇行业标准以及海洋碳汇能力评估方法和海洋碳汇经济价值核算方法。《海洋碳汇核算方法》为海洋碳汇的核算和评估制定了统一的、严格化的、综合性的标准。本书针对海洋碳汇能力的测算与评价，主要参考《海洋碳汇核算方法》。海洋碳汇主要从以红树林、盐沼、海草床为主的滨海湿地碳汇和以贝藻类为主的海洋养殖碳汇两个角度进行测算。结合河北省实际情况，基于数据可获得性和精准性的考量，本研究暂不涉及滨海湿地碳汇能力的评价，主要从贝类和藻类的碳汇量进行衡量。

（1）海洋碳汇能力

海洋碳汇能力公式如下：

$$C_{ocean} = \sum C_i \tag{5.13}$$

式中：C_{ocean} 表示海洋碳汇能力（g/a）；C_i 表示第 i 种海洋碳汇类型（包括红树林、盐沼、海草床、浮游植物、大型藻类、贝类等）的碳汇能力（g/a）（本研究中碳汇能力评估以储存的碳量作为计算结果）。

（2）大型藻类碳汇能力评估

大型藻类碳汇总能力测算公式如下：

$$C_{macroalgae} = C_{mas} + C_{map} \tag{5.14}$$

式中：$C_{macroalgae}$ 表示大型藻类碳汇总能力（g/a）；C_{mas} 表示大型藻类沉积物碳汇能力（g/a）；C_{map} 表示大型藻类植物碳汇能力（g/a）。

（3）大型藻类沉积物碳汇能力

大型藻类沉积物碳汇能力采用《海洋碳汇核算方法》（HY/T 0349—2022）中规定的

标志桩法测定。

$$C_{mas} = \rho_{macroalgae} \times S_{macroalgae} \times R_{macroalgae} \times A_{macroalgae} \tag{5.15}$$

式中：$\rho_{macroalgae}$ 表示大型藻类沉积物容重（g/cm^3）；$S_{macroalgae}$ 表示大型藻类沉积物有机碳含量（mg/g）；$R_{macroalgae}$ 表示大型藻类沉积物沉积速率（mm/a）；$A_{macroalgae}$ 表示大型藻类覆盖面积（m^2）。

（4）大型藻类植物碳汇能力

大型藻类植物碳汇能力计算公式如下：

$$C_{map} = \sum (P_i^{ma} \times K_i^{ma} \times CF_i^{ma}) \tag{5.16}$$

式中：P_i^{ma} 表示第 i 种大型藻类植物的生物量（湿重）（g/a）；K_i^{ma} 表示第 i 种大型藻类植物湿重与干重之间的转换系数（%，参考值如表 5.11 所示）；CF_i^{ma} 为第 i 种大型藻类植物干质量下的含碳比率。

表 5.11　海水养殖碳汇能力核算系数表

种类	湿重与干重之间的转换系数/%	质量占比/%		碳含量/%	
		软组织	贝壳	软组织	贝壳
蛤	52.55	1.98	98.02	44.90	11.52
扇贝	63.89	14.35	85.65	42.84	11.40
牡蛎	65.10	6.14	93.86	45.98	12.68
贻贝	75.28	8.47	91.53	44.40	11.76
其他贝类	64.21	11.41	88.59	43.87	11.44
海带	20.00	100	0	31.20	0
裙带菜	20.00	100	0	26.40	0
紫菜	20.00	100	0	27.39	0
江蓠	20.00	100	0	20.60	0
其他藻类	20.00	100	0	27.76	0

（据崔茜茜，2021）

（5）贝类碳汇总能力

贝类碳汇总能力按测算公式如下：

$$C_{shellfish} = C_{sfs} + \sum (CB_j^{sh} \times CZ_j^{sh}) \tag{5.17}$$

式中：C_{sfs} 表示贝类沉积物碳汇能力（g/a）；CB_j^{sh} 表示第 j 种类贝类贝壳碳汇能力（g/a）；CZ_j^{sh} 表示第 j 种类贝类软体组织碳汇能力（g/a）。

（6）贝类沉积物碳汇能力

贝类沉积物碳汇能力采用《海洋碳汇核算方法》（HY/T 0349—2022）中规定的标志桩法测定，按下式计算：

$$C_{sfs} = \rho_{shellfish} \times S_{shellfish} \times R_{shellfish} \times A_{shellfish} \tag{5.18}$$

式中：$\rho_{shellfish}$ 表示贝类沉积物容重（g/cm^3）；$S_{shellfish}$ 表示贝类沉积物有机碳含量（mg/g）；$R_{shellfish}$ 表示贝类沉积物沉积速率（mm/a）；$A_{shellfish}$ 表示贝类覆盖面积（m^2）。

（7）贝类贝壳碳汇能力

贝类贝壳碳汇能力按下式计算：

$$CB_j^{sh} = P_j^{sh} \times K_j^{sh} \times R_j^{sh1} \times CF_j^{sh1} \quad (5.19)$$

式中：P_j^{sh} 表示第 j 种贝类的生物量（湿重）（g/a）；K_j^{sh} 表示第 j 种贝类湿重与干重之间的转换系数（%，参考值如表 5.11 所示）；R_j^{sh1} 表示第 j 种贝类干重状态下的贝壳干质量占比；CF_j^{sh1} 表示第 j 种贝类贝壳干质量下的含碳比率（%，参考值如表 5.11 所示）。

（8）贝类软体组织碳汇能力

贝类软体组织碳汇能力按下式计算：

$$CZ_j^{sh} = P_j^{sh} \times K_j^{sh} \times R_j^{sh2} \times CF_j^{sh2} \quad (5.20)$$

式中：R_j^{sh2} 表示第 j 种贝类干重状态下的软体组织干质量占比（%，参考值如表 5.11 所示）；CF_j^{sh2} 表示第 j 种贝类软体组织干质量下的含碳比率（%，参考值如表 5.11 所示）。

5.4.2 碳汇能力测算

5.4.2.1 数据来源

现有研究发现，尽管包括海岸带蓝碳的滨海湿地生态系统在海洋的总面积中仅占 0.2%，却贡献了约 50% 的海洋碳沉积物。这些生态系统中的植物和土壤积累了大量碳。在特定条件下，这些蓝碳有可能重新释放回大气，使得这些湿地生态系统在全球陆海碳循环中扮演着至关重要的角色。海水养殖碳汇也属于海洋碳汇的重要组成部分，海水养殖碳汇主要集中于贝藻类，其具有养殖周期短、灵活性强、碳汇潜力方便核算的优点。鉴于数据可获得性，选取海水养殖贝类和藻类产量数据，从生物量的角度对河北省海洋碳汇能力展开评价，相关统计资料来自《中国渔业统计年鉴》。在海水养殖业中，可以根据养殖对象将其分类为鱼类、贝类、甲壳类（包括虾和蟹）、藻类以及其他海洋珍品。鱼类和甲壳类由于在养殖过程中需要大量饵料，具体数据获取难度较大，因此本研究聚焦于贝类和藻类的碳汇能力，将这两类的养殖定义为海水养殖碳汇渔业的主要部分，利用它们的碳汇能力来代表总的碳汇量。主要养殖的贝类和藻类包括蛤、扇贝、牡蛎、贻贝、海带、紫菜、裙带菜及江蓠等。为了准确计算贝类和藻类的碳汇能力，本研究采用了物质量评估法，这一方法因其操作性强和精确度高，相比于遥感估算法和模型模拟法更为适用。其中，贝类海水养殖产量原数据如表 5.12 所示。

表 5.12　2008—2022 年河北省贝类海水养殖产量表

年份	总计/t	蛤/t	扇贝/t	牡蛎/t	贻贝/t	其他贝类/t
2008	259711	66309	131122	3467	1840	56973
2009	264007	80983	174114	0	250	8660
2010	291124	43093	242422	50	638	4921
2011	272552	27375	234362	30	491	10294
2012	341718	29753	296015	20	1050	14880
2013	409779	35158	338877	0	558	35186
2014	448766	36913	375762	0	770	35321

续表

年份	总计/t	蛤/t	扇贝/t	牡蛎/t	贻贝/t	其他贝类/t
2015	460009	37590	391148	0	1045	30226
2016	459272	37319	389520	0	1643	30790
2017	474748	38923	424233	0	950	10642
2018	433107	40967	378039	0	0	14101
2019	360494	48010	297833	1500	0	13151
2020	385046	48430	319152	2400	0	15064
2021	430659	55100	354473	5151	0	15935
2022	441024	54112	340917	15345	0	30650

藻类海水养殖产量较少，除海带外，裙带菜、紫菜、江蓠和其他藻类均产量为0；海带产量，2010年为250t，2018年为1000t，2019年为991t，2020年为600t，其余年份均无产量。

5.4.2.2 碳汇能力测算

通过上述海洋碳汇测算方法，从海岸带蓝碳与海水养殖碳汇两方面定量评价河北省海洋生态系统的碳汇能力。得到海洋碳汇的时间序列数据，进而评价其碳汇能力的演变特征，即实证结果分析。具体结果如表5.13所示。

表5.13 2008—2022年河北省海水养殖碳汇量一览表

年份	藻类碳汇量/t	贝类碳汇量/t	海水养殖碳汇量/t
2008	0	23646.47	23646.47
2009	0	23753.34	23753.34
2010	15.6	27955.86	27971.46
2011	0	26634.71	26634.71
2012	0	33560.53	33560.53
2013	0	40182.19	40182.19
2014	0	44080.54	44080.54
2015	0	45222.76	45222.76
2016	0	45160.13	45160.13
2017	0	46757.23	46757.23
2018	62.57	42424.41	42486.98
2019	61.84	34772.97	34834.81
2020	37.44	37239.38	37276.82
2021	0	41605.42	41605.42
2022	0	42571.78	42571.78

由表5.13可知，藻类碳汇量除2010年、2018—2020年不为0，其他年份均为0，这与河北省藻类海水养殖产量和面积直接相关，藻类碳汇量为0的年份，藻类均未进行海水

养殖；2010 年藻类碳汇量为 15.6t，2018 年、2019 年和 2020 年的藻类碳汇量分别为 62.57t、61.84t 和 37.44t。

贝类碳汇量在 2008—2012 年间，整体上呈增加的趋势，这是因为贝类在 2008—2012 年的海水养殖产量整体呈增加趋势，其中在 2012 年达到了 33560.53t；2013—2017 年间，贝类碳汇量相对稳定，变化较小，保持在 45000t 左右；2018—2022 年间，贝类碳汇量呈现出先减少后增加的趋势，海水养殖碳汇量从 2018 年的 42424.41t 降到 2019 年的 34772.97t，随后 3 年呈增加趋势，在 2022 年增加到了 42571.78t。

由图 5.4 可知，海水养殖碳汇量在 2008—2022 年间，呈现出增加—稳定—减少—增加的趋势。其中，2011—2014 年，海水养殖碳汇量迅速增加，在随后 3 年中保持相对稳定，2017—2019 年，海水养殖碳汇量呈明显下降趋势，但 2019 年之后的 3 年中，海水养殖碳汇量呈逐年增加的趋势。

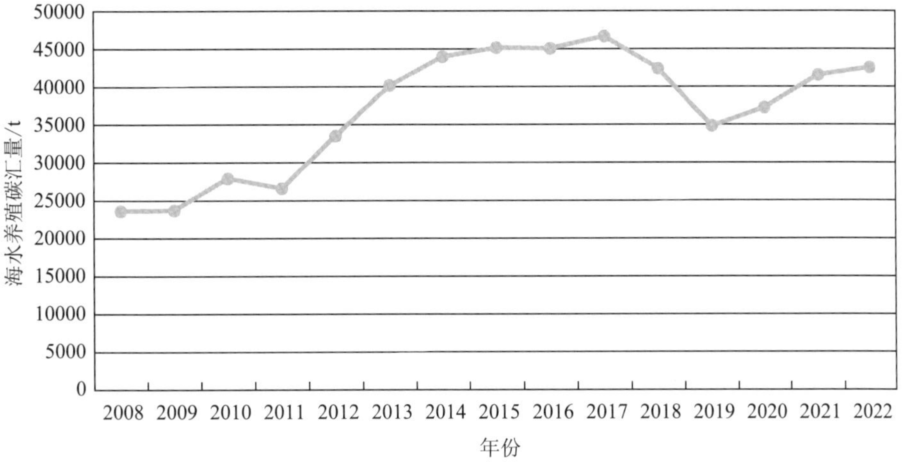

图 5.4　2008—2022 年河北省海水养殖碳汇量变化趋势图

5.4.3　碳汇能力评价

采用国家地球系统科学数据中心提供的 10m 分辨率的滩涂分布数据及 30m 分辨率的盐沼分布数据，收集以往研究的盐沼碳汇系数、海草床碳汇系数，利用碳排放系数法对河北省的滩涂、盐沼、海草床碳汇开展核算。结果显示，河北省滩涂、盐沼面积约为 360.44km^2，占河北省全域面积较小，但每年仍约可固碳 7.85×10^{4}t，其中沿海滩涂固碳量达到总固碳量的 85.59%。近年来，河北省已初步查明曹妃甸海草床面积为 42.75km^2，主要分布于曹妃甸龙岛西北侧浅水海域，海草种类为单一物种鳗草，每年约固碳 0.72×10^{4}t。据此估算河北省海草床面积约 299.56km^2，每年固碳约 5.03×10^{4}t。

相较于河北省滩涂、盐沼的固碳量，河北省海水养殖蓝碳量较低（图 5.5）分析可知：2000—2020 年，河北省海水养殖业年均固碳约 2.79×10^{4}t；2018 年，河北省海水养殖蓝碳量达到最高，约 4.74×10^{4}t；2000 年，河北省海水养殖蓝碳量最低，为 0.66×10^{4}t。从时间序列上来看，河北省海水养殖蓝碳总体呈现出增长趋势，从 2000 年的 0.66×10^{4}t 上升至了 2018 年的 4.74×10^{4}t，共增长了 618.18%，年均增长率为 11.58%；而后河北省海水养殖蓝碳量略有下降，2020 年，河北省海水养殖蓝碳量为 3.56×10^{4}t。可以看出，近年来，河北省的海水养殖业发展迅速，社会也开始意识到海水养殖蓝碳的重要性，海水养殖业蓝碳显著增长。

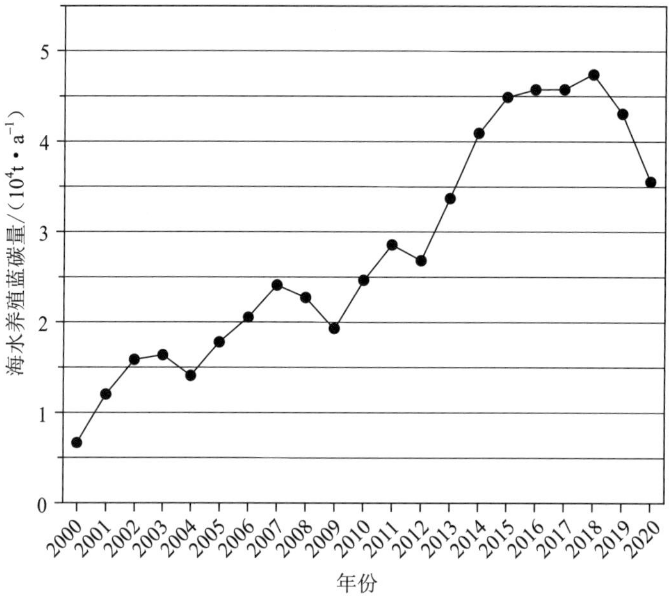

图 5.5　2000—2020 年河北省海水养殖蓝碳量示意图

碳汇转化比是衡量某地区碳汇能力的重要依据，即海水养殖碳汇量与总产量的比值，是反映碳汇量的相对指标。

由表 5.14 可知，2008—2009 年，河北省海水养殖碳汇转化比分别为 7.99% 和 7.90%。2010 年，河北省海水养殖碳汇转化比突破了 8.00%，2010—2018 年，均保持在 8.00% 以上。2019—2021 年，河北省海水养殖碳汇转化比又下降到了 8.00% 以下，并维持在 7.60% 左右，而到 2022 年，河北省海水养殖碳汇转化比直接降到 7.34%。

表 5.14　河北省海水养殖碳汇转化比表

年份	贝类碳汇量/t	藻类碳汇量/t	海水养殖碳汇量/t	海水养殖产量/t	碳汇转化比/%
2008	23646.47	0	23646.47	295950	7.99
2009	23753.34	0	23753.34	300567	7.90
2010	27955.86	15.6	27971.46	329308	8.49
2011	26634.71	0	26634.71	311520	8.55
2012	33560.53	0	33560.53	382061	8.78
2013	40182.19	0	40182.19	452270	8.88
2014	44080.54	0	44080.54	491999	8.96
2015	45222.76	0	45222.76	506484	8.93
2016	45160.13	0	45160.13	511372	8.83
2017	46757.23	0	46757.23	529158	8.84
2018	42424.41	62.57	42486.98	489836	8.67
2019	34772.97	61.84	34834.81	448802	7.76

续表

年份	贝类碳汇量/t	藻类碳汇量/t	海水养殖碳汇量/t	海水养殖产量/t	碳汇转化比/%
2020	37239. 38	37. 44	37276. 82	488132	7. 64
2021	41605. 42	0	41605. 42	543151	7. 66
2022	42571. 78	0	42571. 78	580005	7. 34

总体而言，河北省海水养殖碳汇转化比在 2008—2014 年逐年增加，随后 2015—2022 年逐年减少，整体上呈现出先增加后减少的趋势。

5. 5 河北省湿地生态系统碳汇能力评价

5. 5. 1 评价方法选择

湿地可分为五大类型：沼泽湿地、近海及海岸湿地、河流湿地、湖泊湿地和库塘。其中湖泊湿地作为地球上重要的碳储存库之一，具有强大的储碳能力。有学者借助联合国政府气候变化专门委员会（IPCC）第四次评估报告推荐的计算方法和对应参数，评估了太湖和呼伦湖流域的碳储情况（魏文佳等，2012）。也有学者通过野外考察持续监测了神农架大九湖的泥炭地土壤有机碳含量及其总储量（许向南等，2022）。2021 年还有学者基于实际调查和资料查询，研究了 62 个湖泊的碳、氮、磷化学含量及相关性与分布，分析了养分限制、沉积物碳汇和河湖连通性的影响，探讨了富营养化与沉积物碳储量的关系（Luo M et al. ，2021）。另外，有学者借助 InVEST 模型和 PLUS 模型评估了鄱阳湖流域碳储量时空分布特征（付帅等，2023）；借助 FLUS 模型模拟预测了 2030 年青海湖流域土地覆被进而评估了碳储量变化，分析了其生态系统碳储量服务的脆弱性（马勇洁等，2023）。还有学者采用相对生长方程、碳氮分析仪测定法，揭示了嫩江流域泰湖国家湿地公园天然植物群落的生态系统碳储量沿湖岸至高地环境梯度的空间分布格局及成因（高旭，2022）；结合 InVEST 模型和 GeoSOS-FLUS 模型，计算了鄱阳湖地区典型湿地碳储量（卫泽柱等，2023）；借助 InVEST 模型定量化地分析了第一批山水林田湖草生态保护修复工程实施前后的生态系统碳汇能力（梁森等，2023）。

学者通过湿地有机碳的多方向研究，初步构建了我国八大湿地碳库的区域碳库定量分析，形成了土壤类型法（汤洁等，2010）、生命带类型法（于君宝等，2013）、GIS 空间插值模拟估算法（赵广帅等，2014）、模型估法（陈雅文等，2021）以及碳同位素法（王启栋等，2014）等碳汇计算评价体系。

根据湿地含义中对湿地三要素的定义，即湿地植被、湿地土壤、湿地水文，将碳汇来源划分为植被、土壤、水体 3 种生态系统类型。根据数据显示，中国湿地土壤有机碳库（$50.4\times10^8 \sim 61.9\times10^8$t）>湿地水体有机碳储量（$2.2\times10^8 \sim 5.6\times10^8$t）>湿地植被碳储量（$1.3\times10^8 \sim 5.0\times10^8$t），分别占到中国湿地有机碳库的 85. 4% ~93. 5% 、4. 1% ~7. 7% 和 2. 4% ~6. 9% ，所以湿地有机碳储量主要是以湿地土壤有机碳储量为主。本研究采取先分解后加总的方法，分别对植被碳汇、土壤碳汇和水体碳汇进行估测，最后对碳汇量进行整合，具体测算方法如下。

（1）植被碳汇估测模型

植被碳汇估测模型由植被占地面积和植被碳吸收系数两部分构成。根据笔者同中国地质科学院联合调查获取的数据，将芦苇定为植被碳汇估测对象。通过实地检测，测得芦苇固碳能力即碳吸收系数。

$$C_e = M \times N \tag{5.21}$$

式中：C_e 表示湿地植被碳汇（kg）；M 表示植被占地面积（m^2）；N 表示植被碳吸收系数（kg/m^2）。

（2）土壤碳汇估测模型

土壤碳汇估测模型由土壤面积和土壤有机碳密度两部分构成。通过实地检测，测得土壤固碳能力即土壤有机碳密度。

$$C_f = \mathrm{SOCD} \times S \tag{5.22}$$

式中：C_f 表示湿地土壤碳汇（kg）；SOCD 表示土壤有机碳密度（kg/m^2）；S 表示土壤面积（m^2）。

（3）水体碳汇估测模型

水体碳汇估测模型由湖体体积和水体总有机碳含量两部分构成。通过实地检测，测得水体总有机碳含量。

$$C_g = \mathrm{TOC} \times V_{水体} \tag{5.23}$$

式中：C_g 表示湿地水域碳汇（mg）；TOC 表示一定深度区间的水体总有机碳含量（mg/L）；V 表示水体体积（L）。

5.5.2 碳汇能力测算

为系统分析湿地特征，较为全面地对湿地展开测算，选取白洋淀湿地为典型案例，开展具体分析。

5.5.2.1 区域情况介绍

（1）基本情况概述

白洋淀地处东经 115°38′~116°07′、北纬 38°43′~39°02′，在河北省保定市安新县和沧州市任丘市等境内，是一个重要的湿地区域，由永定河和滹沱河的冲积相交形成，是中国华北平原中最大的天然淀泊之一。在自然条件上，这片区域属于东部季风区、暖温带半干旱地区，气温波动较大，降水量较集中，生物多样性十分丰富。

白洋淀位于河北省太行山东麓的低洼地区的湖泊群。它由白洋正淀、马棚淀、藻苲淀、烧车淀等多个大小不一的湖泊和沟壕组成，是河北平原上最大的常年积水湖泊。白洋淀属于大清河水系，主要由 8 条河流注入，其中包括南支的潴龙河、孟良河、孝义河、唐河，以及北支的府河、漕河、瀑河、萍河。该地区属于显著的大陆性气候，年平均气温为 12.1℃，气温年较差大；年平均降水量为 563.9mm，主要集中在 7—8 月；年平均蒸发量高达 1369.0mm，远高于降水量。白洋淀的动植物资源丰富，包括各类水生动物如鱼类、蟹类、虾类以及水生植物如水生维管束植物和浮游植物。在行政区划上，白洋淀位于河北省雄安新区，涉及保定市的安新县、容城县，以及沧州市的雄县、高阳县和任丘市，其中约 85% 的水域位于保定市安新县境内。白洋淀湿地由多种湿地类型组成，包括水域、芦苇沼泽、台田以及浅滩湖滨带等，主要的植被类型是芦苇。

（2）湿地面积演变分析

通过 ArcGIS 的统计分析功能，提取了 7 期白洋淀影像地物的面积信息，见表 5.15。2018 年，白洋淀湿地面积为 205.69km^2，占白洋淀总面积 66.19%，其中，水体 76.21km^2。湿地主要分布在白洋淀中部区域，非湿地主要分布在南部、东北部、西部区域，湿地-非湿地边缘区域表现出从水体—水生植物—水田—旱地—建设用地逐渐过渡的景观特征。

表 5.15　1987—2018 年白洋淀土地利用类型面积表　　单位：km^2

年份	水体	建设用地	耕地	植被	湿地	湿地占比	非湿地	非湿地占比
1987	2.67	37.26	105.22	162.36	165.03	53.67%	142.48	46.33%
1992	72.34	25.17	29.37	183.91	256.25	82.45%	54.54	17.55%
1996	65.26	15.26	28.32	201.54	266.80	85.96%	43.58	14.04%
2001	52.79	12.65	73.78	171.41	224.20	72.18%	86.43	27.82%
2008	57.85	20.16	95.46	137.29	195.14	62.79%	115.62	37.21%
2014	61.03	24.07	71.61	154.08	215.11	69.21%	95.68	30.79%
2018	76.21	24.55	80.52	129.48	205.69	66.19%	105.07	33.81%

1987—1996 年白洋淀湿地面积从 165.03km^2 增加到 266.80km^2，增长率为 61.67%。其中水体面积增长速度较快，由 2.67km^2 增加到 65.26km^2，增长了 23 倍，主要原因是 20 世纪 80 年代枯水年份较多，同时上游水库控水以及工农业用水增多，使得白洋淀干淀现象频发，而 1988 年的暴雨使白洋淀水量增加；植被面积由 162.36km^2 增加到 201.54km^2。2001—2018 年，白洋淀湿地面积从 224.20km^2 减少到 205.69km^2，减少了 8.26%。水体面积却从 52.79km^2 增加到 76.21km^2，增长的主要原因是采取了科学有效的补水方案，并且从 2006 年开始进行了频繁的跨区域调水，以补充白洋淀的水资源。然而，植被面积却从 171.41km^2 减少到 129.48km^2，减少了 24.46%，这主要是由于人类过度开垦和围湖造田导致了植被面积的减少。

而在 2014—2018 年，白洋淀湿地面积从 215.11km^2 减少到 205.69km^2，变化幅度为 4.38%。水体面积也从 61.03km^2 增加到 76.21km^2，变化幅度为 24.87%。植被面积从 154.08km^2 减少到 129.48km^2，变化幅度为 15.97%。

整体来看，1987—2018 年白洋淀湿地面积变化呈增加—减少—增加—稳定的趋势。从 1987 年开始，湿地面积呈增长趋势，在 1996 年达到最高峰 266.80km^2 后湿地面积开始减少，在 2008 年达到极小值 195.14km^2。随后湿地面积又缓慢上升，之后湿地面积维持稳定状态（图 5.6）。1987—2018 年白洋淀植被面积的变化趋势与湿地面积大同小异，变化原因主要是受到人类的过度开垦、围湖造田等行为影响；1987—2018 年白洋淀水体面积呈增加—减少—增加趋势，从 2001 年以后，由于自然因素及政府补水调水政策的实施，使得白洋淀水体面积持续增长。

（3）湿地类型转化分析

2014—2018 年，白洋淀西北、东北区域以及南部的零星区域湿地类型发生不断变化，

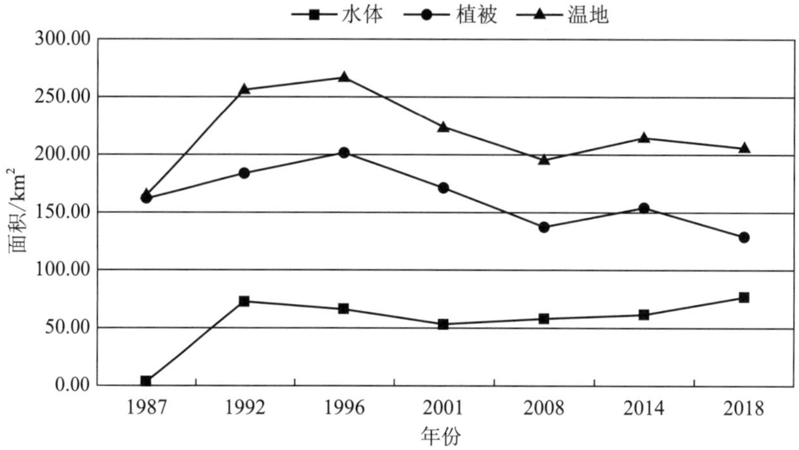

图 5.6　白洋淀湿地面积变化图

随时间推移以及多方面因素影响，湿地不断向非湿地转变。与之相对的，白洋淀的西部地区、西南和北部的少部分地区，也经历了其他土地利用类型向湿地的转变。其中藻苲淀的中部地区，许多建设用地转为湿地，而藻苲淀中部、烧车淀东北和马棚淀北部地区，许多耕地转为了湿地。

总体来看，建设用地中，有约 5.83km^2 转变为湿地，有 1.23km^2 转变为水体，有 4.60km^2 转变为植被；而在耕地中，有 36.16km^2 转变为湿地，有 7.88km^2 转变为水体，有 28.28km^2 转变为其他植被。相较之下，湿地转变为其他用地，如建设用地、耕地的面积分别为 5.29km^2、26.16km^2。此外，部分水体也实现了类型的转变，水体转变为建设用地的面积是 1.68km^2，水体转变为耕地的面积是 5.04km^2。水体有 11.45km^2 转变为植被，植被也有 27.41km^2 转变为水体。

整体来看，湿地转变为非湿地类型主要分布于淀区南部、西部、北部区域。在南部马棚淀潴龙河、唐河、孟良河、孝义河汇入区域，西部藻苲淀槽河、瀑河、府河、萍河汇入区域，以及北部烧车淀白沟引河汇入区域，大面积湿地转变为耕地，其中转变的旱地主要分布在南部区域，西部亦有零星分布，转变的水田在南部、西部、北部均有分布，且水田分布均比旱地更靠近淀区中部湿地。此外，湿地转变为建设用地的区域，一般环绕原有建设用地分布，大部分位于淀区中部。非湿地转换为湿地类型主要分布于淀区东北部区域。不同湿地类型之间相互转换主要分布于淀区中部区域，如挺水植物转变为水体，挺水植物转变为浮水植物等。

5.5.2.2　碳汇能力测算

根据闫欣等（2019）研究和实地调查数据整理。本研究利用了 2022 年的 Landsat 8 OLI 影像数据，所利用的影像数据的空间分辨率为 30m。Landsat 影像具备全球覆盖、长期连续、数据产品免费、时间和空间分辨率适中、科学的数据存档与分发策略等多种优势，能够满足本研究长时间序列影像记录的条件与精度要求。

将 2022 年白洋淀湿地植被（芦苇）占地面积和土壤面积均定为 90.00km^2；根据实地检查，得到植被碳吸收系数和土壤有机碳密度分别为 1.03kg/m^2 和 8.22kg/m^2，湖体体积为 1.32km^3，水体总有机碳含量为 5.99mg/L，具体数据如表 5.16 所示。

表 5.16　白洋淀主要类型植被、土壤和水体有机碳含量表

	数据		数据
植被（芦苇）占地面积	90.00km^2	植被碳吸收系数	1.03kg/m^2
土壤面积	90.00km^2	土壤有机碳密度	8.22kg/m^2
湖体体积	1.32km^3	水体总有机碳含量	5.99mg/L

通过折算，最终得出 2022 年白洋淀湿地土壤碳汇量为 73.98×10^{4}t，植被碳汇量为 9.30×10^{4}t，水体碳汇量为 7.91t，碳汇总量为 83.28×10^{4}t。可知，白洋淀湿地中，土壤碳汇量占比最大，占比为 88.83%，植被碳汇量占比为 11.17%，而水体碳汇量占比较小。因此，可以得到白洋淀生态系统碳汇能力大小：土壤碳汇能力>植被碳汇能力>水体碳汇能力。

5.5.3　碳汇能力评价

由于仅有 2022 年白洋淀湿地碳汇测算结果，因此无法对白洋淀湿地碳汇能力进行时空变化评价，仅能得到 2022 年白洋淀湿地各生态系统碳汇量所占比例及其碳汇能力的大小。根据测算结果，土壤碳汇量为 73.98×10^{4}t，植被碳汇量为 9.30×10^{4}t，水体碳汇量为 7.91t。由此可知，白洋淀湿地土壤碳汇量占比最大，占比为 88.83%，植被碳汇量占比为 11.17%，而水体碳汇量占比较小。因此，可以得到白洋淀生态系统碳汇能力大小：土壤碳汇能力>植被碳汇能力>水体碳汇能力。

第 6 章 河北省生态系统碳汇潜力预测

6.1 河北省森林生态系统碳汇潜力预测

6.1.1 预测方法选择

灰色预测模型是基于人们对系统演化不确定性特征的认识，运用序列算子对原始数据进行生成、处理，并挖掘系统演化规律，通过建立灰色系统模型，对系统的未来状态做出科学的定量预测。灰色预测的优点是对数据需求少，适用于依据几次清查资料计算出的碳汇量，并且利用微分方程挖掘系统内部特征，精度高。考虑到各种实际情况，本研究采用 GM(1,1) 即只含有一个变量的一阶微分方程的灰色预测模型来预测碳汇量。

基本原理和预测步骤：

(1) 累加生成

将同一序列中的数据逐次相加以生成新的数据。累加前的数列称为原始数列，累加后的数列称为生成数列。通过累加生成可以看出数据累积过程的发展态势，使杂乱无章的原始数据中蕴含的规律加以显化。

首先设原始数列 $\boldsymbol{X}$ 为：$\boldsymbol{X}=X(1),X(2),X(3),\cdots,X(n)$；然后进行累加：$Y(1)=X(1)$，$Y(2)=Y(1)+X(2)$，$Y(3)=Y(2)+X(3)$，…，$Y(n)=Y(n-1)+X(n)$；最后生成累加数列：$\boldsymbol{Y}=Y(1),Y(2),Y(3),\cdots,Y(n)$。

(2) 邻均值生成

对累加数列，用相邻数据的平均值构造生成新的数据。

$$Z(k)=\frac{1}{2}[Y(k)+Y(k+1)] \quad k=1,\ 2,\ 3,\ \cdots,\ n$$

(3) 构造数据矩阵 $\boldsymbol{B}$ 及数据向量 $\boldsymbol{Y}$

$$\boldsymbol{B}=\begin{bmatrix} -\frac{1}{2}\{Z(1)+Z(2)\} & 1 \\ -\frac{1}{2}\{Z(2)+Z(3)\} & 1 \\ \vdots & \vdots \\ -\frac{1}{2}\{Z(n-1)+Z(n)\} & 1 \end{bmatrix} \qquad \boldsymbol{Y}=\begin{bmatrix} Y(2) \\ Y(3) \\ \vdots \\ Y(n) \end{bmatrix}$$

(4) 计算发展系数 a 及灰色作用量 b

$$\begin{bmatrix} a \\ b \end{bmatrix}=(\boldsymbol{B}^T\times\boldsymbol{B})^{-1}\boldsymbol{B}^T\boldsymbol{Y}$$

（5）建立模型求解时间响应函数并进行预测

GM(1,1) 的白化方程：$\frac{d\boldsymbol{Y}}{dt}+a\boldsymbol{Y}=b$，结合最小二乘法，估算出系数 a 与 b，由此得到时间响应函数：

$$Y(k+1)=\left[Y(1)-\frac{b}{a}\right]e^{(-ak)}+\frac{b}{a}\quad k=1,\ 2,\ 3,\ \cdots,\ n \tag{6.1}$$

（6）精确度检验

为增加灰色预测结果的可信度本节进行精确度检验，精确度检验如表 6.1 所示。

表 6.1　精确度检验表

相对残差检验（Q）	方差比检验（C）	小误差概率检验（P）	评价结果
<0.01	<0.35	>0.95	满意
<0.05	<0.50	>0.80	合格
<0.10	<0.65	>0.70	勉强合格
>0.10	≥0.65	≤0.70	不合格

6.1.2　碳汇潜力测算

以上文计算的数据为基础，利用 MATLAB 软件对河北省森林碳汇量进行灰色预测，原始数列是 5 年进行一次，因此预测值也以 5 年划分，预测到第十二次全国森林资源清查时期，即 2033 年，预测结果如表 6.2 所示。模型的相对残差 0.072<0.10，方差比 0.198<0.35，小误差概率为 1，通过了精确度检验。相对误差是预测值与实际值之间的差与实际值之比，可以避免误差相互抵消的问题，因而可以准确反映实际值与预测值误差的大小。经计算，平均相对误差为-1.85%，预测值与实际值偏离较小。图 6.1 为实际值和预测值的拟合曲线，拟合程度较为满意，表明预测出的结果有可信度。

表 6.2　河北省森林碳汇量预测结果表

全国森林资源清查时期	实际值/10^6t	预测值/10^6t	相对误差/%
第一次（1973—1976 年）	95.20	95.20	0.00
第二次（1977—1981 年）	62.53	59.43	-4.96
第三次（1984—1988 年）	80.35	69.53	-13.46
第四次（1989—1993 年）	99.36	81.36	-18.12
第五次（1994—1998 年）	91.02	95.19	4.58
第六次（1999—2003 年）	100.31	111.38	11.04
第七次（2004—2008 年）	117.98	130.32	10.46
第八次（2009—2013 年）	151.56	152.49	0.61
第九次（2014—2018 年）	184.44	178.42	-3.26
2021 年	220.60	208.76	-5.37

续表

全国森林资源清查时期	实际值/10^6t	预测值/10^6t	相对误差/%
第十一次（2024—2028 年）		244. 26	
第十二次（2029—2033 年）		285. 80	
相对残差（Q）	0. 072		
方差比（C）	0. 198		
小误差概率（P）	1		

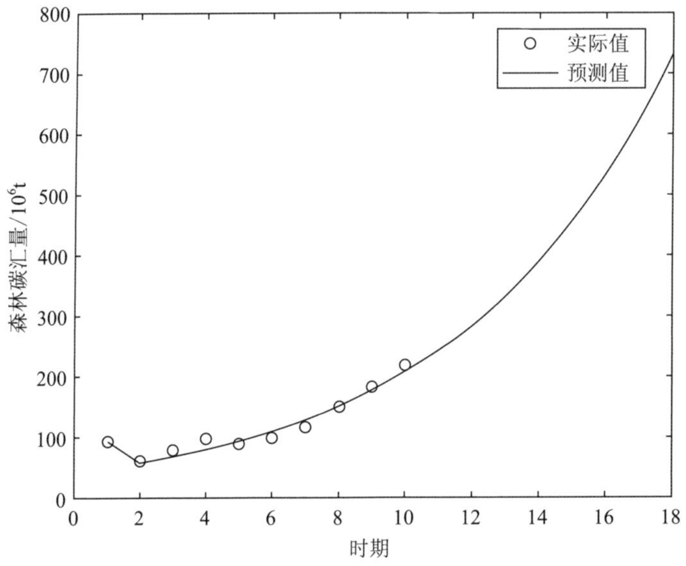

图 6. 1　灰色预测拟合效果图

预测结果显示，按照当前发展水平，第十二次全国森林资源清查时期（2029—2033 年）河北省森林碳汇量达到 285. 80×10^6t。假设每年增长水平相同，由此估算出 2030 年河北省森林碳汇将达到 260. 88×10^6t，相较于 2021 年森林碳汇量数据，2030 年增汇 40. 28×10^6t，平均每年增汇 4. 48×10^6t。考虑到灰色预测模型的缺陷，预测时间过长会导致精确度降低，加之森林资源受战争、火灾、国家政策等不确定因素过大，数据容易缺乏科学性，所以本研究只预测了两次森林碳汇量。借助图 6. 1 灰色预测拟合效果图，可以大致看出未来几十年河北省森林碳汇量的增长趋势，曲线向上延伸且越来越陡峭，说明森林碳汇量在不断增长，且增长速度越来越快。按照当前趋势发展，预计到第十六次全国森林资源清查时期，河北省碳汇量会突破 500×10^6t，到第十八次全国森林资源清查时期（2059—2063 年），碳汇量会增长到 733. 37×10^6t，比第一次全国森林资源清查时期增长 6 倍多。森林将会吸收更多的二氧化碳，助力河北省早日实现碳中和。

按照河北省“十四五”规划，到 2025 年，全省森林蓄积量达到 1. 95×$10^8$$m^3$，由此得出的森林碳汇量为 225. 91×$10^6$t，根据灰色预测模型得出的 2025 年森林碳汇量为 222. 96×10^6t，与规划目标相差不大。在不考虑其他情况下，河北省基本可以实现“十四五”预期的林业目标。而且这些估计没有考虑其他影响因素，实际上河北省森林面积以幼龄林与中龄林、人工林为主，当幼龄林生长到中龄林，固碳能力将会提高，并且通过有效的森林管

理，人工林蓄积将会继续扩大，河北省森林的碳汇潜力将会更大，森林碳汇会为“双碳”目标做出更大贡献。

6.1.3 碳减排效应分析

为了更加直观了解森林碳汇量对河北省减排的贡献，本研究收集了 2010—2021 年河北省二氧化碳排放数据，采用 GM(1,1) 预测了 2022—2033 年的碳排放量，计算了森林碳汇量占二氧化碳排放量的比例，2013 年、2018 年和 2021 年均采用实际值，2028 年和 2033 年采用的是预测值，结果如表 6.3 所示。

表 6.3 河北省森林碳汇的碳减排效应预测结果表

年份	二氧化碳排放量/10^6t	预测的二氧化碳排放量/10^6t	森林碳汇量占二氧化碳排放量比例/%
2013	823.11	781.28	18.41
2018	912.20	866.73	20.22
2021	885.51	922.43	24.91
2028		1066.70	22.90
2033		1183.38	24.15
相对残差（Q）	0.032		
方差比（C）	0.429		
小误差概率（P）	0.917		

河北省森林碳汇量占二氧化碳排放量比例从 2013 年的 18.41% 上升到 2021 年的 24.91%。依据灰色预测结果，2028 年、2033 年河北省二氧化碳排放量分别为 1066.70×10^6t、1183.38×10^6t，彼时河北省森林碳汇量可占同期全省二氧化碳排放量的 22.90% 和 24.15%。自 2018 年后，森林碳汇量占二氧化碳排放量的比例维持在 20% 以上，而且比例还有不断增加的趋势，森林碳汇在碳减排中贡献会越来越重要。

6.2 河北省草原生态系统碳汇潜力预测

6.2.1 预测方法选择

斑块生成土地利用变化模拟模型（PLUS）由中国地质大学（武汉）地理与信息工程学院、国家 GIS 工程技术研究中心和高性能空间计算智能实验室共同研发，是一种基于元胞自动机和马尔科夫链的土地利用变化模拟工具，其基于多种社会经济和生物物理因素对未来土地利用格局进行空间显示模拟和预测。结合 InVEST 模型和 PLUS 模型后能进一步提高预测模型及结果的有效性。本研究选用 PLUS 模型，并基于当前土地利用状况和规划设定的转移概率、考虑邻域关系的权重设置，对河北省 2030 年的 3 种情景下的土地利用格局进行模拟。首先以河北省 2000 年和 2020 年土地利用数据为初始数据，选取自然因素、社会经济因素和可达性因素等 13 个驱动因子（表 6.4），在 LEAS 模块中采用随机森林算法获得河北省土地利用类型发展潜力图。其次在 CARS 模块中以河北省 2020 年土地利用数据为初始数据，结合土地利用需求和邻域权重等相关参数（表 6.5）。最后得到模拟河北省 2030 年自然发展、经济发展和可持续发展 3 种情景下不同地类分布情况。3 种模拟情景地类转移概率设置：①自然发展情景。将延续 2000—2020 年河北省土地利用变化趋势，保持模型参数与 2000—2020 年一致。②经济发展情景。该情景在自然发展情景的基础上，降低建设用地向耕地、林地、草地、水域、未利用地转移的概率 40%，增加耕地、林地、草地、水域、未利用地向建设用地转移的概率 40%、10%、20%、10%、50%。③可持续发展情景。减少林地、草地向建设用地转化的概率 20%，减少水域向建设用地转化的概率 40%，增加水域向耕地转移的概率 30%，减少耕地向建设用地转化的概率 30%，增加未利用地向建设用地转移的概率 40%，增加建设用地向草地转移的概率 10%，此情景模拟在注重生态保护的同时也兼顾了经济发展。

表 6.4　数据主要信息与来源情况表

数据类型	数据名称	年份	数据来源
土地利用数据	1990 年、1995 年、2000 年、2005 年、2010 年、2015 年、2020 年 7 期土地利用数据	1990、1995、2000、2005、2010、2015、2020	Google Earth Engine（GEE）
自然环境数据	高程（DEM）	2020	地理空间数据云（https：//www. gscloud. cn/）
	坡度	2020	
	年均降水量	2020	中国科学院资源环境科学数据中心（http：//www. resdc. cn）
	年均气温	2020	
	土壤类型	1995	
	归一化植被指数	2019	
社会经济数据	经济生产总值（GDP）	2019	中国科学院资源环境科学数据中心（http：//www. resdc. cn）
	人口密度（POP）	2019	
	夜间灯光指数	2020	
可达性数据	距高速公路距离	2019	全国地理信息资源目录服务系统（https：//www. webmap. cn）
	距一级道路距离	2019	
	距水域距离	2019	自然资源部标准地图服务系统（http：//bzdt. ch. mnr. gov. cn/）
	距县政府距离	2020	

表 6.5　2020—2030 年河北省不同情境下土地利用转移矩阵表

地类	自然发展情景						经济发展情景						可持续发展情景					
	a	b	c	d	e	f	a	b	c	d	e	f	a	b	c	d	e	f
a	1	1	1	1	1	1	1	0	1	0	1	0	1	1	1	0	1	0
b	1	1	1	1	1	1	1	1	1	0	1	0	1	1	1	0	1	1
c	1	1	1	1	1	1	1	1	1	1	1	1	1	1	1	1	1	1
d	1	1	1	1	1	1	1	0	1	1	1	1	1	0	1	1	1	1
e	0	0	0	0	1	0	0	0	0	0	1	0	0	0	1	1	1	0
f	1	1	1	1	1	1	1	1	1	1	1	1	1	1	1	1	1	1

注：a、b、c、d、e、f 分别代表耕地、林地、草地、水域、建设用地、未利用地 6 种地类。

6.2.2 碳汇潜力测算

本研究以 2010 年为初始年份通过 PLUS 模型获得 2020 年河北省土地利用模拟数据。通过对比 2020 年河北省实际土地利用与模拟土地利用数据，发现两者在 6 种土地利用类型的分布上基本一致。对 2020 年土地利用模拟结果进行一致性检验，*Kappa* 值大于等于 75%时，说明实际数据和模拟结果的一致性较高，即说明模型通过了精度检验，模拟结果显示 *Kappa* 值为 96.22%，总精度为 97.36%。因此，经检验 PLUS 模型精度较高，可以用来模拟河北省 2030 年土地利用变化情况。

本研究首先基于 2010 年、2020 年河北省两期土地利用数据选用 Markov 模型对 2030 年河北省自然资源分布情况进行预测。

将预测出的河北省 2030 年土地利用数据以河北省各市行政区域为掩膜提取后进行统计分析，得到河北省各市草原面积及占比情况，如表 6.6 所示。

表 6.6 河北省各市草原面积及占比情况表

行政区域	预测 2030 年自然发展情景 面积/km^2（占比/%）	预测 2030 年经济发展情景 面积/km^2（占比/%）	预测 2030 年可持续发展情景 面积/km^2（占比/%）
石家庄市	996.62 (3.52)	987.91 (3.50)	1020.03 (3.53)
唐山市	224.23 (0.79)	223.51 (0.79)	228.89 (0.79)
秦皇岛市	393.43 (1.39)	386.46 (1.37)	393.80 (1.36)
邯郸市	847.21 (2.99)	847.35 (3.01)	877.05 (3.03)
邢台市	581.43 (2.06)	580.96 (2.06)	606.55 (2.10)
保定市	2728.68 (9.65)	2724.06 (9.66)	2823.33 (9.77)
张家口市	15041.38 (53.18)	15094.60 (53.52)	15502.70 (53.64)
承德市	7466.60 (26.40)	7352.85 (26.07)	7444.62 (25.76)
沧州市	0.03 (0.00)	0.02 (0.00)	0.02 (0.00)
廊坊市	4.77 (0.02)	4.75 (0.02)	5.01 (0.02)
衡水市	0.00 (0.00)	0.00 (0.00)	0.01 (0.00)
总计	28284.38 (100.00)	28202.47 (100.00)	28902.01 (100.00)

预测2030年河北省各地级市可持续发展情景下草原资源面积最大，面积为28902.01km^2，占河北省面积的15.41%；其次是自然发展情景下草原面积为28284.38km^2，占河北省面积的15.08%；经济发展情景下草原资源面积最小，为28202.47km^2，占河北省面积的15.03%。

基于上文预测出不同情景下的草原面积来选用InVEST模型测算河北省的2030年草原碳汇能力（表6.7）。2030年河北省碳汇能力与草原资源空间分布一致，草原资源近80%分布在北部的承德、张家口和保定3市，3市的草原资源的碳汇能力相较于省内其他地级市较高，其中，张家口市、承德市碳汇能力较强，同时保定市西部、石家庄西部和邯郸市西部地区草原资源密集，草原碳汇能力较强，衡水市、沧州市、廊坊市等草原资源匮乏，碳汇能力较低。不同情景下模拟结果显示，2030年可持续发展情景下，河北省碳汇能力最高，为181.2734×10^{6}t，但3种情况草原碳汇能力的模拟结果均低于1990—2020年草原资源的碳汇储量，可见，未来草原的固碳能力若不加以保护则要逐渐下降。

表6.7　预测2030年河北省草原资源碳汇量结果表　　单位：10^{6}t

行政区域	A 自然发展情景	B 经济发展情景	C 可持续发展情景
石家庄市	6.2508	6.1962	6.3976
唐山市	1.4064	1.4019	1.4356
秦皇岛市	2.4676	2.4239	2.4699
邯郸市	5.3137	5.3146	5.5009
邢台市	3.6467	3.6438	3.8043
保定市	17.1143	17.0853	17.7079
张家口市	94.3395	94.6733	97.2329
承德市	46.8305	46.1171	46.6927
沧州市	0.0002	0.0001	0.0001
廊坊市	0.0299	0.0298	0.0314
衡水市	0.0000	0.0000	0.0001
总计	177.3996	176.8860	181.2734

6.2.3　碳减排效应分析

近年来河北省草原面积不断下降，碳汇能力也不断下降，河北省林业部门应建立严格的基本草原保护制度，对划定为基本草原区具有特殊作用的草原进行严格管理，严禁随意垦草开矿、垦草种树、垦草旅游等行为发生。在农区、林区、草原区大力发展草业，能够进一步缓解天然草原压力。鼓励大力发展林区草业，在林区种草，一方面可以增加地表的覆盖度，相较于单一种树来说，其进一步预防水土流失的效果更好。另一方面林区种草可以增加土壤肥力，加快树木成林、成材的进程，提升其碳储存与固碳能力。草原资源碳汇潜力受到草原利用方式、开垦、放牧等和管理水平的影响，草原资源碳汇能力对早日实现“双碳”目标发挥着重要作用，合理规划草原资源可以有效避免因草原的长期紧张利用引发的草原生态系统退化、生物量及土壤碳储量损失的现象发生。

6.3 河北省耕地生态系统碳汇潜力预测

河北省耕地生态系统碳汇潜力预测按照分析对象的不同，分成农作物和耕地土壤两类。虽然每年大部分农作物会被人们消费、碳通过各种形式排放到大气，但从区域尺度分析仍具有强大的碳汇潜力。而在耕地土壤碳汇潜力预测方面，不同学者对“潜力”的判断标准有所不同，有学者认为处于最优的农业管理措施的土壤固碳量视为土壤碳汇潜力；有学者选择退耕还田（或者处于自然植被条件下）的土壤有机碳含量视为土壤碳汇潜力；也有学者共同考虑未来天气情况和农业管理措施，将未来变化的土壤有机碳含量视为土壤碳汇潜力；还有学者认为土壤有机碳变化速率为 0 时的土壤有机碳含量视为土壤碳汇潜力。

6.3.1 预测方法选择

（1）农作物碳汇潜力预测方法

较少学者对农作物碳汇潜力方面进行研究。张剑等（2009）根据农作物自然生产潜力计算固碳潜力，然后与实际农作物固碳潜力相减，差值反映农作物的碳汇潜力。该方法考虑到各农作物的生长影响因素，缺点是现实情况下很难达到自然生产潜力。

本研究选择用灰色预测模型用来预测河北省农作物净碳汇量。灰色预测模型是一种对含有不确定因素的系统进行预测的方法，用等时距观测到的预测对象特征来构建模型，预测未来某一时刻的特征值。该方法的优点是对数据要求较少，缺点是没有考虑到农作物固碳的机理过程。该方法多在森林碳汇潜力预测时使用。

（2）耕地土壤碳汇潜力预测方法

目前，主要有两种方法较为普遍地应用于估算某区域的土壤固碳潜力。一种是基于长期定位试验的外推估算法，一种是基于情景假设的模型模拟法。具体估算方法分为以下几类。

平衡法是指在一定的环境条件下，土壤有机碳从现有状态到一个新的稳定状态时的差值为固碳潜力。West et al.（2007）的研究中表示：当外部有机碳输入大于输出时土壤碳增加到稳定状态，改变外部条件时土壤碳进一步上升，这是一个具有上限的动态平衡过程。其计算过程就是通过构建初始土壤有机碳密度和现在该值之间的线性关系，求出处于 *X* 轴上的土壤有机碳密度值。该方法较为简单，有学者运用该方法计算松嫩平原耕地、甘肃庄浪镇耕地等的土壤固碳潜力。

地球化学背景估算法认为，对于任何一种土壤类型，土壤中有机碳含量与其他元素一样均有一个正常的背景变化范围，达到该变化范围上限的有机碳含量就用来计算土壤固碳潜力，超过背景变化范围的有机碳含量则指示存在各种干扰活动。该方法考虑了整体的取样结果。

最大值法则是假设地区内的不同分类的土壤有机碳均达到样点中该分类的最高值，然后用最高值与现值之间的差异乘以对应分类土壤面积，其结果相加为固碳潜力。该方法较为理想。

一般来说用模型法估计土壤固碳潜力，会进行场景设置，分析不同场景下土壤固碳的能力。常用模型有 Century、DNDC 和 RothC 等。该类方法输入参数较多，收集、整理资料时间长。

6.3.2 碳汇潜力测算

6.3.2.1 河北省农作物碳汇潜力测算

（1）研究方法

本研究选择灰色预测模型来预测河北省农作物净碳汇量。灰色预测模型用少量数据，基于人们对系统演化不确定性特征的认识，探索其演化规律，对系统发展规律做出科学的定量预测。本研究用 GM(1,1)（一个变量的一阶微分方程）来预测农作物净碳汇量。具体步骤如 6.1.1。

（2）农作物碳汇潜力测算结果

用上文计算的河北省 2001—2020 年农作物净碳汇量为原始数据，利用 MATLAB 编程实现该运算过程，农作物净碳汇量灰色 GM(1,1) 时间响应函数：

$$Y(i) = 85946.420909815e^{0.026388(t-1)} - 83730.43979 \quad (6.2)$$

预测结果如表 6.8 所示。

表 6.8 GM(1,1) 模型预测河北省农作物碳汇量结果表 单位：10^4t

年份	净碳汇量实际值	净碳汇量预测值
2015	3328.6062	3234.6513
2016	3392.7244	3320.4313
2017	3445.7206	3408.4861
2018	3336.5157	3498.8760
2019	3368.2409	3591.6630
2020	3563.7284	3686.9107
2021	—	3784.6842
2022	—	3885.0506
2023	—	3988.0786
2024	—	4093.8388
2025	—	4202.4037

通过模型预测可以得出，按照目前水平来看，农作物碳储量到 2025 年为 4202.4037×10^4t，比 2001 年实现增汇 1936.26×10^4t，这说明农作物碳汇潜力巨大。图 6.2 为农作物实际值和预测值的曲线。从图 6.2 中可以看出，模型拟合较好，结果可信。

6.3.2.2 耕地土壤碳汇潜力测算

（1）研究方法

本研究采用最大值法计算河北省耕地土壤碳汇潜力，利用 2010 年《中国土系志 · 河北卷》的土壤数据。首先为了减少极值误差，去掉在某一类型土壤下累计频率大于

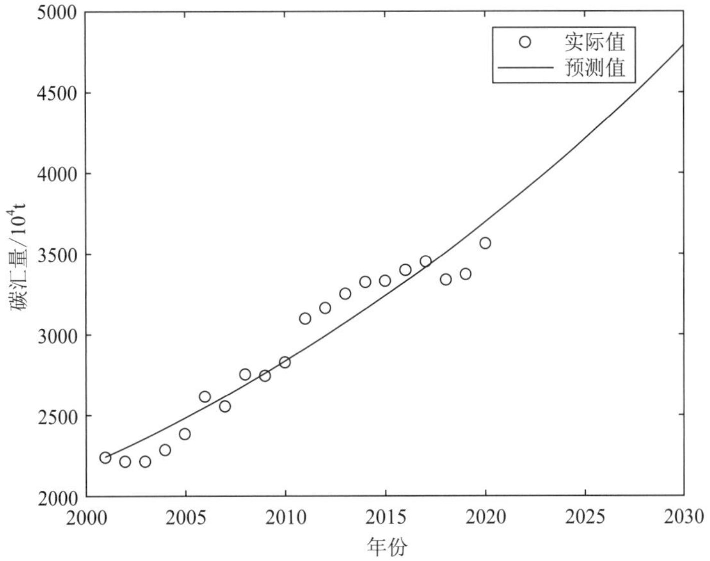

图 6.2　GM(1,1) 模拟值与实际值偏差图

99.5%的有机碳值，然后用去掉极值后最大的土壤有机碳值与实测值之间的差视为增加潜力，接着再用该差值乘以对应土壤类型的耕地面积，最后加总求和可得河北省耕地土壤碳汇潜力值。各土壤类型有机碳密度均达到最大值的土壤碳储量计算公式为

$$C = \sum_{i=1}^{m} \mathrm{SOCD}_i \times S_i \tag{6.3}$$

式中：SOCD_i 表示第 i 类土壤类型碳密度的最大值；S_i 表示第 i 类土壤的耕地面积；i 表示河北省常见土壤类型的种类。

（2）耕地土壤碳汇潜力测算结果

将 2010 年的土壤采样点（包括经纬度、土壤有机碳密度值）与河北省土壤类型图运用 ArcGIS 的空间连接进行对应，并用 Excel 数据表进行去极值获得最大值，最后计算出各土类的最大土壤碳储量。

从表 6.9 中可以看出，各土类有机碳密度最大的前 3 依次为栗钙土、绵土、褐土，在

表 6.9　不同土类耕地表层土壤固碳潜力

土壤类型	有机碳密度最大值/($kg \cdot m^{-2}$)	面积/km^2	最大值法下的土壤碳储量/10^6t
潮土	2.509382	42423.9138	106.55
褐土	5.349141	12625.4538	67.53
黄垆土	3.582246	15135.7032	54.21
栗钙土	8.862608	8364.4056	74.13
滨海盐土	4.666403	1778.6979	8.30
灰色草甸土	1.654270	41.3127	0.068
绵土	6.174986	1441.9125	8.90
棕壤	2.712919	4137.0750	11.22
沼泽土	4.895630	467.6391	2.28

最大值法中，潮土的土壤碳储量最大 106.55×10^6t，其次是栗钙土的 74.13×10^6t，最少的则是灰色草甸土的 0.068×10^6t。将上述土类的土壤有机碳相加，再减去 2010 年现存的土壤有机碳储量即为固碳潜力，值为 152×10^6t。

6.3.3 碳减排效应分析

从上文的分析中可以看出，随着社会对减排增汇的重视，河北省农作物的净碳汇量每年都是增加的，农业碳排放有降低潜力。耕地利用中碳排放较高的是化肥，在 2001—2015 年其碳排放量是增加的，因此控制化肥使用量有助于促进碳减排进程。其他如农膜、农药、柴油、耕地面积和灌溉面积等的碳排放量都是呈下降趋势的。耕田土壤有高达 152×10^6t 的固碳潜力，采用合理的农业管理措施（秸秆还田、施用有机肥等）可以有效实现碳减排。

根据对农作物和耕地土壤两个对象的分析，提出了相应的减排政策：在农作物的播种、发育、结果、收获等环节均合理使用化肥，充分利用农作物轮作来降低化肥的使用；回收利用农膜，不要让可用的农膜在自然界中白白分解；加强科技创新，大力发展农业低碳技术，让农户有更多选择。在经济领域，相关财政部门可以利用经济手段对农户的行为进行影响，比如减排方面的小额信贷、财政补贴和退税等；也可以完善碳汇市场，将农民引入进来，增加农民收入，促进农业减排增汇。还需要强化农民减排增汇方面的知识，不仅让他们有利可图，还要知道原因，这样可以良性循环，进一步提高农业减排增汇的强度。

6.4 河北省碳储量空间分异特征分析与评价

6.4.1 研究方法

随着科学技术的发展和近年来大量学者的研究，探索出了一些更适合空间范围大且较易实现的估算模型。在不同的模型选取上，多数学者基于 Century 模型、Biome-BGC 模型、RothC 模型、LPJ-GUESS 模型和 DNDC 模型等进行区域碳储量估算。这在一定程度上弥补了原有估算模型的不足，但其中部分模型多聚集于某一种土地利用类型如耕地、林地等的研究，因而忽略了经济发展过程中其他的土地利用类型也与研究的地类进行转换，即不同地类之间存在相互竞争、相互影响的复杂关系。本研究选用 InVEST 模型进行河北省碳储量的估算，其具有模型精度高、运行速度快等优点，能够在解决传统模型普适性差的基础上，定量研究区域估算地类间的转换关系。

目前，国内外学者对土地利用变化的驱动力进行了丰富的研究，通常将这些驱动力分为自然因素和社会经济因素两个方面。自然因素涵盖高程、坡度、坡面、温度、土壤类型和土壤有机质含量等要素，这些决定了土地的原始形态；而社会经济因素包括人口密度、经济生产总值、政策走向等要素，能够影响土地利用的方式和未来形态。尤其近年来，国外许多研究学者通过研究部分地区不同时期的土地利用数据，发现土地利用变化与人口密度、距水域的距离、道路的距离、高程、坡度等有关。不少研究也强调差异性地类变化的影响因素不尽相同，耕地和建设用地面积变化受经济发展和城镇化影响较大，林地面积的变化受自然和技术水平的影响较大。聚焦于国内，中国城市的面积不断扩张主要是由于人均生产总值逐年增长，而印度和非洲地区城市面积扩张主要是由于人口总数的不断增加。相关研究表明，LUCC 通过改变陆地生态系统的结构和功能，能够对陆地生态系统的碳储量产生直接影响，进一步对碳储量的经济价值产生影响。

有关碳储量经济价值的研究，国内外主要研究方法也较为多样，市场价值法、造林成本法、人工固定二氧化碳成本法、碳税法、支付意愿法和实物期权法等被广泛应用。不少学者基于卫星遥感数据并选用 InVEST 模型，研究埃塞俄比亚西南部咖啡林 1978—2018 年的碳储量以及价值，发现 2018 年研究区域比 1978 年减少 7017669t，损失价值为 310 万美元，森林面积的减少是造成碳储量经济价值的主要原因。综上所述，参考邓元杰等（2020）的研究，选用 InVEST 模型，模型考虑了碳价格时间价值的同时，对河北省不同时期碳储量的经济价值进行估算。基于此，研究区域土地利用变化对碳储存与碳储量经济价值的影响，能够为政府部门制定减排增汇政策提供重要的科学基础，对实现“双碳”目标具有重要意义。

6.4.1.1 InVEST 模型

关于 InVEST 模型的计算公式详见 5.2.1。

InVEST 模型碳储存模块运行需要输入 LUCC 数据和不同土地利用方式对应的碳密度值估算研究区碳储量，本研究参考已有文献相同地类碳密度值并结合修正公式计算得出适合研究区域的碳密度值。已有研究表明植被和土壤碳密度在相同气候区的地类之间差别较小，本研究参考相近研究区域的文献，并结合气象因子中气温、降水等对不同气候条件下的区域碳密度进行校正，得到研究地区各地类的碳密度数据值，其公式如下：

$$C_{SP} = 3.398P + 1996.1$$
$$C_{BP} = 6.798e^{0.00541P}$$
$$C_{BT} = 28T + 398 \tag{6.4}$$

式中：C_{SP} 表示由年均降水量计算的土壤碳密度（t/hm^2）；C_{BP}、C_{BT} 分别表示由年均降水量和年均气温计算的生物量碳密度（t/hm^2）；T、P 分别表示区域年均气温（℃）和区域年均降水量（mm），数据来源于各地区统计年鉴。参考巩晟萱等（2023）对京津冀地区的碳密度值，将京津冀地区与河北省的年均降水量和年均气温代入式中分别得到年均降水量、年均温的修正系数，再与京津冀地区的碳密度数据相乘得到河北省的碳密度数据，其公式分别为

$$K_{BP} = \frac{C'_{BP}}{C''_{BP}}$$
$$K_{BT} = \frac{C'_{BT}}{C''_{BT}}$$
$$K_B = K_{BP}K_{BT} = \frac{C'_{BP}}{C''_{BP}}\frac{C'_{BT}}{C''_{BT}}$$

$$K_S = \frac{C'_{SP}}{C''_{SP}} \tag{6.5}$$

式中：K_{BP} 和 K_{BT} 分别表示研究区生物量碳密度降水量因子和气温因子的修正系数；C'_{BP} 和 C''_{BP} 分别表示研究区和京津冀地区依据年降水量计算出的生物量碳密度；C'_{BT} 和 C''_{BT} 分别表示研究区和京津冀地区依据年平均气温计算出的生物量碳密度；C'_{SP} 和 C''_{SP} 分别表示由年平均气温计算出的研究区和京津冀地区的土壤碳密度；K_B 表示生物量碳密度修正系数；K_S 表示土壤碳密度修正系数。

6.4.1.2 因子交互探测法

地理探测器中包括单因子探测和交互探测，其结果 q 值越大，说明该驱动因子对碳储量空间分异性的驱动力解释强度更大。因子探测器计算公式为

$$q = 1 - \frac{1}{N\delta^2}\sum_{h=1}^{L} N_h\delta_h^2 = 1 - \frac{\mathrm{SSW}}{\mathrm{SST}}$$

$$\mathrm{SSW} = \sum_{h=1}^{L} N_h\delta_h^2,\ \mathrm{SST} = N\delta^2 \tag{6.6}$$

式中：h 表示碳储量影响因子的分层；N_h 和 N 分别表示 h 层和全区的单元数；δ_h^2 和 δ^2 分别表示 h 层和全区 Y 值的方差；SSW 和 SST 分别表示层内方差之和和全区总方差；q 表示因子的解释力，取值范围为 [0,1]，不同因子对碳储量时空分异的解释力随着 q 值的增加而增强。地理探测器在识别单因子探测结果的同时也能够识别不同因素之间交互作用影响力（Shi et al.，2018）。即通过计算 $q(X_1 \cap X_2)$ 值来判断因子 X_1 和 X_2 的共同作用对因变量 Y 产生的影响力，判断其增强还是减弱，将 $q(X_1 \cap X_2)$ 值与 $q(X_1)$ 和 $q(X_2)$ 之和的数值进行比较，对于因变量 Y 的作用关系判别依据见表 6.10。

表 6.10　因子交互探测结果表

交互作用	判断模式
非线性减弱	$q(X_1 \cap X_2)<\min[q(X_1),q(X_2)]$
单线性减弱	$\min[q(X_1),q(X_2)]<q(X_1 \cap X_2)<\max[q(X_1),q(X_2)]$
双因子增强	$q(X_1 \cap X_2)>\max[q(X_1),q(X_2)]$
相互独立	$q(X_1 \cap X_2)=q(X_1)+q(X_2)$
非线性增强	$q(X_1 \cap X_2)>q(X_1)+q(X_2)$

6.4.1.3 PLUS 模拟未来多情景土地利用方式

利用 PLUS 模型对河北省 2030 年土地利用进行多情景模拟。首先以河北省 2010 年和 2020 年土地利用为初始数据，进行扩张部分提取。其次从自然因素、社会经济因素和可达性因素选择 13 个驱动因子，在 LEAS 模块中采用随机森林算法获得河北省土地利用类型发展潜力图。在此基础上以河北省 2020 年土地利用数据于 CARS 模块中结合土地利用需求和邻域权重（表 6.11）等相关参数，结合土地利用转移规则矩阵（表 6.12），模拟河北省 2030 年自然发展、耕地保护和生态保护这 3 种情景的土地利用状况。

表 6.11 不同土地利用类型的领域权重参数表

地类	耕地	林地	草地	水域	建设用地	未利用地
领域权重	0.00000	0.87600	0.28116	0.53544	1.00000	0.53018

1）自然发展情景。这一情景下将延续2000—2020年河北省土地利用变化趋势，保持模型参数与2000—2020年一致。

2）耕地保护情景。耕地保护关系到国家粮食安全，耕地是粮食安全的载体，这一情景下将严格执行各项耕地保护措施并综合考虑资源环境承载力，除建设用地外其他用地均可转换为耕地，同时将耕地向建设用地转移的概率减少60%。

3）生态保护情景。这一情景下将以保护林地、草地、水域等生态用地为目标，考虑生态环保优先，除建设用地外，其他地类均可转换为林地和草地，将林地、草地向建设用地的转移概率降低50%，耕地向建设用地的转移概率降低30%，同时将耕地、草地向林地的转移概率提高30%，以10年为间隔，预测2030年生态保护情景下的土地利用。

表 6.12 2020—2030年河北省不同情境下土地利用转移矩阵表

地类	自然发展情景						耕地保护情景						生态保护情景					
	a	b	c	d	e	f	a	b	c	d	e	f	a	b	c	d	e	f
a	1	1	1	1	1	1	1	0	0	0	0	0	1	1	1	1	1	1
b	1	1	1	1	1	1	1	1	1	0	0	0	0	1	1	0	0	0
c	1	1	1	1	1	1	1	1	1	1	0	0	0	1	1	0	0	0
d	1	1	1	1	1	1	1	0	0	1	0	0	1	0	1	1	0	0
e	0	0	0	0	1	0	0	0	0	0	1	1	0	0	0	0	1	0
f	1	1	1	1	1	1	1	0	0	0	0	1	1	1	1	1	1	1

注：a、b、c、d、e、f分别代表耕地、林地、草地、水域、建设用地、未利用地6种地类。

6.4.2 数据来源与模型检验

6.4.2.1 数据来源

本研究涉及数据主要包括河北省2000年、2010年、2020年土地利用数据、自然因素数据、社会经济数据、可达性数据（表6.13）和碳密度数据（表6.14）。将以上数据重新投影为WGS _ 1984 _ UTM _ Zone _ 50N坐标系并重采样至输出像元大小为100×100。碳密度数据优先选择已有文献中河北省实测数据或京津冀地区实测数据集。

表 6.13 数据主要信息与来源情况表

数据类型	数据名称	年份	数据精度	数据来源
土地利用数据	2000年、2010年、2020年3期土地利用数据	2000、2010、2020	30m	Google Earth Engine（GEE）
自然环境数据	高程（DEM）	2020	30m	地理空间数据云（https://www.gscloud.cn/）
	坡度	2020	30m	

续表

数据类型	数据名称	年份	数据精度	数据来源
自然环境数据	年均降水量	2020	1km	中国科学院资源环境科学数据中心（http：//www. resdc. cn）
	年均气温	2020	1km	
	土壤类型	1995	1km	
	归一化植被指数	2019	1km	
社会经济数据	经济生产总值（GDP）	2019	1km	中国科学院资源环境科学数据中心（http：//www. resdc. cn）
	人口密度（POP）	2019	1km	
	夜间灯光指数	2020	0.004^0	
可达性数据	距高速公路距离	2019	500	全国地理信息资源目录服务系统（https：//www. webmap. cn）
	距一级道路距离	2019	500	
	距水域距离	2019	500	自然资源部标准地图服务系统（http：//bzdt. ch. mnr. gov. cn/）
	距县政府距离	2020	500	

表 6.14　河北省土地覆盖类型修正后碳密度值表　　单位：t/hm^2

地类	地上生物碳密度	地下生物碳密度	土壤碳密度	合计
耕地	2.85	0.27	111.78	114.90
林地	62.09	18.74	132.48	213.31
草地	1.05	12.13	59.9	73.08
水域	3.03	10.8	8.55	22.38
建设用地	0.36	6.16	28.52	35.04
未利用地	8.15	1.62	33.74	43.51

6.4.2.2　模型检验

（1）碳储量价值估算

由于不同土地利用类型的碳密度不同，不同地类之间的相互转换使得碳储量增加或减少，对碳储量经济价值产生间接影响。本书参考已有研究选用 InVEST 模型对河北省区域的碳储量经济价值进行估算，主要包含以下 3 个方面。一是厘清区域内增加的每吨碳需要承担的社会成本，二是考虑碳价格的年际变化率，三是明确社会对当前直接收益的市场折现率。运用 InVEST 模型计算 2000—2030 年地类转换引起的碳汇经济价值变动的具体公式为

$$\text{value\_seq}_x = V\frac{\text{sequest}_x}{\text{yr\_fut} - \text{yr\_cur}}\sum_{t=0}^{\text{yr\_fut}-\text{yr\_cur}-1}\frac{1}{\left(1+\frac{r}{100}\right)^t\left(1+\frac{c}{100}\right)^t} \tag{6.7}$$

式中：value_seq_x 表示 2000—2030 年地类转换引起的碳储量经济价值；x 表示固碳栅格；V 表示固持或释放每吨碳的价值，其模型中所设定单位为美元，根据相关研究（Ricke et al.，2018）确定的数值为 24 美元/t；sequest_x 表示当前或不同情景下每个栅格的碳储量或碳损失量；yr _ fut 表示未来 3 种情景下河北省的碳储量；yr _ cur 表示 2000 年时河北省碳

储量；*r* 表示市场贴现率，本研究依据相关研究（邓元杰等，2020）将其确定为 10%；*t* 表示碳价格的年际变化率，参考相关研究将其确定为 0。

（2）PLUS 模型检验

本研究以 2010 年为初始年份，通过 PLUS 模型获得 2020 年河北省土地利用模拟数据。通过对比 2020 年河北省实际土地利用数据与模拟土地利用数据，发现两者在 6 种土地利用类型的分布上基本一致。对 2020 年土地利用模拟结果进行一致性检验，*Kappa* 值大于等于 75% 时，说明实际数据和模拟结果的一致性较高，即说明模型通过了精度检验，模拟结果显示 *Kappa* 值为 84.98%，总精度为 89.50%。因此，该模型精度较高，可以用来模拟河北省 2030 年土地利用变化情况。

6.4.3 结果与分析

6.4.3.1 土地利用时空变化分析

表 6.15 的数据显示，2000—2020 年，河北省 20 年间土地利用发生较大的变化，主要集中在耕地、草地面积的减少以及林地、建设用地面积的增加，水域、未利用地面积变化不大。河北省耕地面积下降明显，减少了 9168.6km^2，占比下降 4.89%，其次明显下降的是河北省草地面积，共减少 4369.2km^2，占比下降 2.32%。林地、建设用地占地面积逐步上升，分别增加了 5784.42km^2、7900.98km^2，占比上升 3.08%、4.21%。

表 6.15　2000—2030 年河北省土地利用类型面积及比例表

年份	耕地 面积/km^2 （占比/%）	林地 面积/km^2 （占比/%）	草地 面积/km^2 （占比/%）	水域 面积/km^2 （占比/%）	建设用地 面积/km^2 （占比/%）	未利用地 面积/km^2 （占比/%）
2000	93064.00 （49.59）	39794.27 （21.20）	36003.51 （19.18）	1736.25 （0.93）	16919.34 （9.01）	165.81 （0.09）
2010	86868.12 （46.28）	42913.94 （22.87）	35699.37 （19.02）	1649.21 （0.88）	20426.71 （10.88）	125.83 （0.07）
2020	83895.39 （44.70）	45578.69 （24.28）	31634.23 （16.86）	1707.43 （0.91）	24820.32 （13.22）	47.12 （0.03）
2030 （自然发展情景）	80890.95 （43.10）	47752.82 （25.44）	28782.05 （15.34）	1230.92 （0.66）	28996.04 （15.44）	30.40 （0.02）
2030 （耕地保护情景）	83895.39 （44.70）	47763.22 （25.45）	29422.81 （15.68）	1734.32 （0.92）	24820.06 （13.22）	47.38 （0.03）
2030 （生态保护情景）	81803.23 （43.58）	48854.53 （26.03）	28584.89 （15.23）	1709.18 （0.91）	26701.15 （14.23）	30.20 （0.02）

20 年间部分耕地转为草地、建设用地、林地。这一现象出现的原因可能是由于近年来城市扩张挤占了耕地面积，另外与 20 年间退耕还林还草工程的实施密不可分，其致力于大规模开展造林绿化，逐步恢复和增加森林植被，不断提升生态环境承载力。2030 年预测结果显示，与 2020 年相比，耕地保护情景下，耕地和建设用地面积与 2020 年无明显

变化。自然发展情景和生态保护情景下土地利用变化与2000—2020年变化基本一致，相比之下，自然发展情景下耕地与建设用地占地面积变化幅度更大。

河北省耕地占地面积近河北省总面积的1/2，是主要的土地利用类型，主要分布在平原地区和坝上地区，张家口、沧州、保定3市耕地面积较大。其次是林地面积，占比21.20%~24.28%，主要分布在河北省北部和西部太行山地区，集中在承德、张家口、保定3市。仅次于河北省林地占地面积的是草地，主要分布在河北省西部及北部。其余占地面积从大到小依次是建设用地、水域和未利用地。建筑用地近年来面积增加，增加区域主要分布在河北省南部和东南部，零散分布于西北部和东北部。

6.4.3.2 碳储量时空变化

2000—2020年河北省碳储量呈上升趋势（表6.16）。2000—2010年间，河北省碳储量从2245.17×10^6t增加到2250.22×10^6t，增幅为0.23%；2010—2020年间，河北省碳储量从2250.22×10^6t增加到2258.38×10^6t，增幅为0.36%。20年间共增加13.21×10^6t，虽然部分耕地转化为草地、建设用地导致了碳储量的减少，但20年间林地面积的增加使得碳储量增加总量大于其减少量，实现了碳储量的持续增加。

表6.16 2000—2030年河北省不同土地利用类型碳储量表 单位：10^6t

年份	耕地	林地	草地	水域	建设用地	未利用地	总和
2000	1069.31	848.85	263.11	3.89	59.29	0.72	2245.17
2010	998.11	915.40	260.89	3.69	71.58	0.55	2250.22
2020	963.96	972.24	231.18	3.82	86.97	0.21	2258.38
2030年（自然发展情景）	929.44	1018.62	210.34	2.75	101.60	0.13	2262.88
2030年（耕地保护情景）	963.96	1018.84	215.02	3.88	86.97	0.21	2288.88
2030年（生态保护情景）	939.92	1042.12	208.90	3.83	93.56	0.13	2288.46

在空间维度上，碳储量高的地方多集中在林地、耕地等碳密度高的区域。由预测结果可知，2030年耕地保护情景下河北省碳储量最高，碳储量能达到2288.88×10^6t。

6.4.3.3 碳储量时空分异定量归因分析

由表6.17河北省不同年份单因子探测结果可知，不同驱动因子对不同年份碳储量空间分异的解释力均显著。从整体来看，主要解释因子基本一致，坡度、高程、归一化植被指数解释力较强，其中坡度在各年份碳储量空间分异中解释强度最高，2000—2020年均值为0.2923。夜间灯光指数、经济生产总值、土壤类型解释强度相较于其他变量较低。图6.3为地理探测器交互探测结果，将其结果与单因子探测结果相比，河北省碳储量变化对任意双因子交互作用的响应更强烈，所有交互探测结果均属于双因子和非线性增强两类。其中归一化植被指数与人口密度、年均气温、经济生产总值、高程交互均呈明显非线性增强，表明归一化植被指数与人口密度、年均气温、经济生产总值、高程在特定组合条

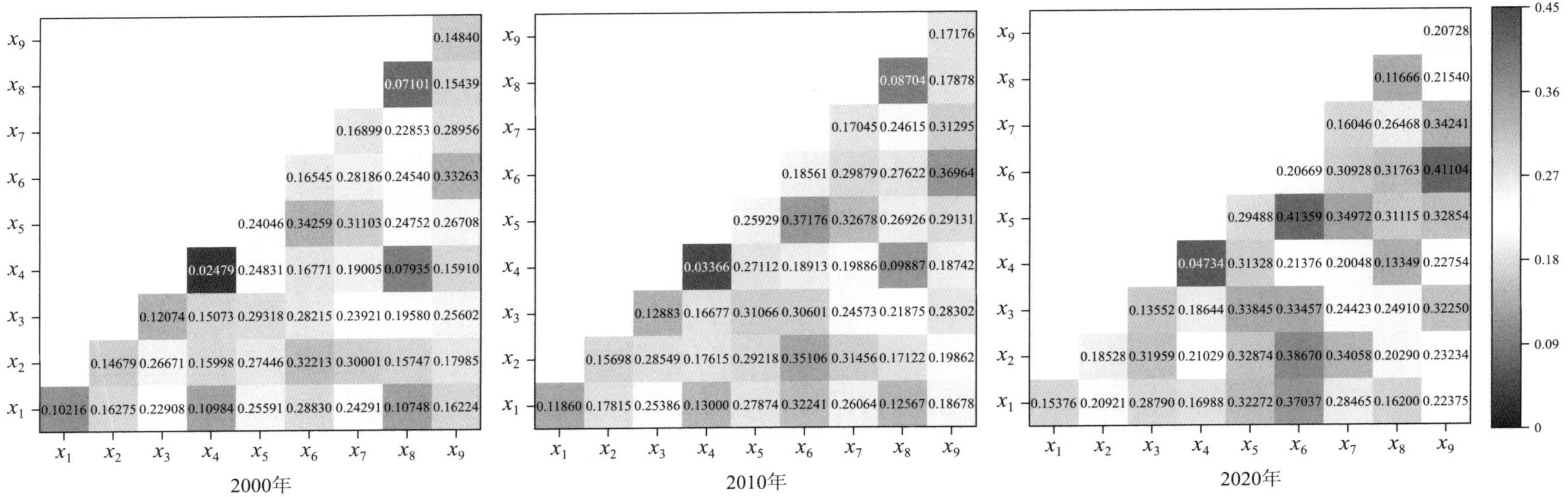

图 6.3　河北省不同年份地理探测器交互探测结果图（彩版见图版 2.1）

x_1—人口密度；x_2—年均气温；x_3—土壤类型；x_4—夜间灯光指数；x_5—坡度；x_6—归一化植被指数；x_7—年均降水量；x_8—经济生产总值；x_9—高程

（色柱由蓝色至红色表示交互作用对碳储量的驱动力逐渐加强）

件下会极大地增强各因子对碳储量空间分布的影响。除此之外，土壤类型与夜间灯光指数也呈明显非线性增强，交互作用能够对碳储量空间分布产生较大的影响。

表 6.17　河北省不同年份单因子探测结果表

控制因子	2000 年		2010 年		2020 年		2000—2020 年均值	
	q 值	排序	q 值	排序	q 值	排序	q 值	排序
人口密度	0.1022	7	0.1186	7	0.1538	6	0.1466	6
年均气温	0.1468	5	0.1570	5	0.1853	4	0.1885	4
土壤类型	0.1207	6	0.1288	6	0.1355	7	0.1418	7
夜间灯光指数	0.0248	9	0.0337	9	0.0473	9	0.0348	9
坡度	0.2405	1	0.2593	1	0.2949	1	0.2923	1
归一化植被指数	0.1654	3	0.1856	2	0.2067	3	0.1933	3
年均降水量	0.1690	2	0.1705	4	0.1605	5	0.1767	5
经济生产总值	0.0710	8	0.0870	8	0.1167	8	0.1076	8
高程（DEM）	0.1484	4	0.1718	3	0.2073	2	0.2036	2

6.4.3.4　碳储量经济价值变化

本研究将土地利用数据导入 InVEST 模型中，得出了碳储量经济价值及其变化趋势。结果显示，在自然发展情景下，30 年间共增加 17.72×10^6t 碳储量，增加的碳储量经济价值为 41912.24 万美元。由表 6.18 可知，河北省 30 年间部分草地转为林地，林地的生物量碳密度和土壤碳密度相较于草地更高，其碳储存能力更强，为提高全省碳储量经济价值发挥了极大的作用。然而，由于近年来城市扩张等挤占了耕地面积，河北省耕地面积的减少转向建设用地，两种地类碳密度的差值将会直接损失 79.91×10^6t 碳储量，间接使得碳储量经济价值减少 189026.83 万美元，这一转化是导致区域总碳储量流失、碳储量经济价值受损的最严重的一种地类转换。在耕地保护情景预测下，耕地向建设用地的转移相较于自然发展情景下面积减小，碳储量损失也相应减少，此时，碳储量经济价值达到 3 种情景预测下的最高值，总价值为 103401.06 万美元。

表 6.18　不同情景下河北省碳储量经济价值变化表

地类转化	2000—2030 年自然发展情景		2000—2030 年耕地保护情景		2000—2030 年生态保护情景	
	增加（减少）碳储量 / 10^6t	产生（减少）经济价值 / 万美元	增加（减少）碳储量 / 10^6t	产生（减少）经济价值 / 万美元	增加（减少）碳储量 / 10^6t	产生（减少）经济价值 / 万美元
草地—林地	107.38	254011.74	110.78	262056.66	122.89	290714.11
耕地—建设用地	−79.91	−189026.83	−56.24	−133027.27	−71.01	−167977.36
耕地—草地	−18.83	−44536.00	−19.55	−46250.21	−19.41	−45919.99
耕地—林地	13.78	32598.19	11.73	27741.64	13.65	32291.14
草地—耕地	12.99	30717.30	13.29	31445.51	13.08	30951.46
林地—耕地	−7.26	−17182.32	−7.58	−17928.89	−7.37	−17429.55

续表

地类转化	2000—2030 年自然发展情景		2000—2030 年耕地保护情景		2000—2030 年生态保护情景	
	增加（减少）碳储量 10^6t	产生（减少）经济价值 万美元	增加（减少）碳储量 10^6t	产生（减少）经济价值 万美元	增加（减少）碳储量 10^6t	产生（减少）经济价值 万美元
草地—建设用地	-4. 49	-10622. 19	-1. 43	-3383. 19	-1. 49	-3520. 51
林地—建设用地	-2. 89	-6829. 13	-2. 77	-6544. 90	-2. 82	-6661. 30
林地—草地	-2. 87	-6785. 040	-2. 83	-6701. 11	-2. 65	-6265. 56
耕地—水域	-2. 26	-5342. 62	-3. 24	-7674. 59	-3. 29	-7793. 65

总体来说，3 种不同情景下的地类转化相较来说，在自然发展情景下地类转换增加的碳储量经济价值为 41912. 24 万美元；在耕地保护情景下地类转换增加的碳储量经济价值最多，为 103401. 07 万美元；其次是生态保护情景下，碳储量共增加 102399. 54 万美元。进一步说明河北省地类转移相比于自然发展情景而言，通过注重对生态用地和耕地的保护，能够在一定程度上避免经济发展过程中城市扩张、人口增加等导致的区域碳储量的过快流失。

第7章　提升河北省自然生态系统碳汇能力、促进经济价值实现的对策建议

河北省陆地生态系统是全省重点的碳汇来源，增强陆地生态系统的碳固定，以提高生态系统的碳汇功能是全省实现碳达峰、碳中和的重要技术路径。实现碳达峰和碳中和是中共中央、国务院统筹国内国际两个大局做出的重大战略决策，是一场广泛而深刻的经济社会系统性变革，对加快促进生态文明建设、保障能源安全高效、推动经济转型升级、引领应对气候变化、实现“两个一百年”奋斗目标具有重大意义。

提升河北省自然生态系统的碳汇能力，是一项涉及森林与草原、耕地、海洋、湿地等的系统工程。要立足新发展阶段、贯彻新发展理念、服务新发展格局，紧紧围绕“双碳”工作的职责，强化国土空间规划和用途管制，构建绿色低碳导向的国土空间开发保护格局，推进国土空间生态保护修复，促进生态资源经济价值实现，巩固生态系统固碳作用，全面提高生态系统固碳增汇的效率，助力碳达峰、碳中和目标实现。

7.1　河北省自然资源生态系统固碳增汇方面存在的主要问题

提升陆地生态系统的固碳增汇能力，从管理角度讲，主要是3个方面：①森林、草原、湿地的保护，主要目的在于防治生态系统退化；②改善森林、耕地、湿地和草地的管理，主要目的在于固碳增汇；③过去破坏或退化的森林、湿地、草原的恢复治理，主要目的是恢复其固碳能力。生态系统固碳增汇效果的好坏，主要取决于生态系统的布局是否合理、生态系统的物种配置是否最优、生态系统的管理是否科学，前两者是科学技术的问题，后者是有效科学管理的问题。

7.1.1　“双碳”理念与“双碳”目标未落实落细

“双碳”理念与“双碳”目标属于新概率，还处于初步探索研究阶段，相关培训和宣传跟进不及时、不系统，部分群众和基层工作人员对实现“双碳”目标任务的重大意义认识不到位，对“双碳”基础知识、实现路径和工作要求了解掌握得不到位，不能够紧密结合本地区生态文明建设和经济社会发展实际以及本部门、本单位工作职责，将“双碳”理念融入工作实践中。

7.1.2　土地资源开发利用效率有待进一步提高

河北省第三次全国国土调查数据显示，建设用地总面积3542.16万亩、林地9638.02

万亩、种植园用地 1508.80 万亩，较河北省第二次全国土地调查数据分别增加 629.84 万亩、2690.00 万亩、199.29 万亩。在筑牢京津冀生态安全屏障，保障生态空间用地方面，生态文明建设成效明显。河北省作为环渤海核心区域的重要组成部分，建设用地增加与经济社会发展要求总体上相适应，但还有城镇存在闲置和低效利用的土地，村庄用地与人口逆向发展，许多地方建设用地利用粗放、效率不高等问题存在。在服务保障国家重点项目用地供应以及生态用地供应方面存在突出的供需矛盾。

7.1.3 耕地保护形势严峻，非农化现象依然存在

河北省第三次全国国土调查数据显示，耕地面积 9051.26 万亩，相比河北省第二次全国土地调查数据耕地 9842.03 万亩，呈减少趋势。同时耕地非农化现象依然存在，随着城镇化、工业化的不断深入，农村建房、城市扩张、基础设施等建设用地需求不断增大，以及农业生产结构调整等因素，占用耕地面积不断扩大，导致耕地资源缩减加速。

7.1.4 蓝碳生态系统薄弱，影响碳汇功能实现

海洋岸线侵蚀严重。由于长期以来受到围填海、港口建设、城镇建设等人类开发活动的影响，河北省海洋岸线资源开发强度大，自然岸线锐减。秦皇岛、唐山的砂质海岸侵蚀岸段超过 100km，河口生态功能退化，海岸湿地极度萎缩，面积已不足中华人民共和国成立初期的 30%。海岛岛体侵蚀严重，原分布于唐山市、秦皇岛市近岸海域的 14 个沙泥质海岛目前仅存 5 个，海岸生态廊道残缺，生态缓冲功能退化。

蓝碳生态系统薄弱。河北省拥有海草床、盐沼等 2 种蓝碳生态系统。目前一些破坏性渔业活动仍然存在，海草床未能得到有效保护，大片盐沼没有有效利用，甚至荒废。

生态修复资金单一。近年来，沿海各地级市利用中央资金、地方资金开展了大量海洋生态修复工作，生态环境效益明显。但在利用企业资本、社会资本和绿色债券方面明显不足。

7.1.5 林草资源固碳增汇稳定性差、总量不足、质量不高，湿地萎缩退化明显

7.1.5.1 森林资源存在的主要问题

森林面积稳步增长，但总量仍显不足，森林资源分布不均。河北省人均占有森林面积为 1.11 亩，全国平均水平为 2.18 亩，低于全国平均水平，森林资源总量与福建、江西、广西等林业大省（自治区）相比，还有较大差距。“十三五”末全省森林蓄积量达到 $1.75\times10^8m^3$，全国森林蓄积量 $175.60\times10^8m^3$，不足全国的 1%，低于全国水平。现有乔木林呈现中龄林和幼龄林多、成熟林和过熟林少，人工纯林多、混交林少的状况，森林破碎度高，局部生态系统稳定性较差，森林质量总体不高。河北省山区森林资源较为丰富，森林覆盖率达 40.19%；而平原地区森林资源相对贫乏，森林覆盖率仅为 11.04%。

冀西北地区和太行山区虽然实施了持续的绿化工程，取得了明显的经济效益、生态效益和社会效益，但造林过程中一直存在苗木成活率低、林种结构单一、栽植管护不到位、资金不足等问题。冀西北山地大面积分布的砂砾岩、火山岩，太行山区大面积分布的石灰

岩、白云岩等，土壤稀少，基岩裸露，干旱少雨，植被稀少，不能为林木的生长提供充足的养分和水分。这些山区普遍海拔较高、地形复杂、水分挥发很快，导致林木成活率低，造林成本高，严重阻碍了造林绿化工程的开展。

7.1.5.2 草原资源存在的主要问题

1）草原资源呈减少态势。河北省第三次全国国土调查数据显示，草原面积 2920.89 万亩，较河北省第二次全国土地调查数据减少了 1299.60 万亩，减少大约 30.8%。主要包括近年来在草地上修路、风电、光伏发电等各类工程项目建设日益增多，以及地类调整等原因，草原生态保护压力越来越大。

2）草原资源底数不清。河北省仅 1984 年和 2016—2017 年开展了 2 次草原资源普查工作，并于 2017 年初步完成了草原清查工作。但是部门资源底数权威性差，各类资源重叠、属性界定存在诸多争议，现有结果难以支撑草原精细化管理，严重制约了草原生态保护工作的开展。

3）草原治理任务依然艰巨。全省尚有 1622.7 万亩“三化”草原亟须治理，占全省天然草原面积的 38.5%，其中中、重度“三化”草原面积 699.6 万亩，占“三化”草原面积和全省天然草原面积的 27.9%、10.7%，草原生态建设任重道远。

7.1.5.3 湿地资源存在的主要问题

1）湿地面积减少。随着全球气候变暖与城市温室效应的加剧，导致局部气候干旱。地表水补充能力下降，地下水过度开采，使得地下水位下降，湿地水体微循环能力减弱，使得湿地面积不断减少，湿地功能明显退化。此外，随着社会经济的发展，一些区域在短期经济利益驱使下，湿地被围湖（湿）造地变为建设用地。河北省第二次湿地资源调查总面积相比第一次湿地资源调查总面积下降了 15.0%。

2）湿地污染严重，湿地功能退化。城镇化建设与工业产业建设进程的加快，污水处理与净化设备形同虚设，许多工业用水与生活污水没有经过处理直接排放，导致地下水质与地表水质污染，最终使得湿地污染严重，主体功能退化。

7.1.5.4 国土绿化投入资金不足

根据中央预算投资对森林草原资源培育工程实行定额补助政策，中央补助标准如下：①营造林工程项目，人工造乔木林 500 元/亩、人工造灌木林 240 元/亩、封山育林 100 元/亩、飞播造林 160 元/亩、退化林修复 500 元/亩；②天然林后备资源培育工程项目，补植补造和改造培育 300 元/亩；③退耕还林还草工程项目，退耕还林种苗造林费 400 元/亩、退耕还草种苗种草费 150 元/亩。河北省山区基岩土层瘠薄、植被稀少、干旱少雨，不能够为林木的生长提供充足的水分和养分，导致造林成本升高，而单位资金投入较低，严重阻碍了造林绿化工程的开展。

7.1.6 低碳能源勘查程度依旧偏低，地热资源热储开发利用研究不充分

河北省虽然是我国的矿产资源大省，但是非常规能源矿产和三稀矿产地质勘查工作还

比较薄弱，干热岩、煤层气、页岩气等清洁能源勘查处于刚起步阶段，铀矿、钴矿、晶质石墨、镍、三稀矿产等战略性新兴矿产综合研究和找矿评价力度还有待加强。

地热勘查精度有待提升，地热开采引发的地质环境问题监测研究有待提高，地热水回灌关键技术问题还没有解决，在一定程度上限制了地热资源的开发利用。

7.1.7 矿山生态修复初见成效，治理任务重

河北省在矿山生态修复方面做了大量工作，成效显著。全省责任主体灭失矿山治理全部得到治理，部分生产矿山通过绿色矿山建设，“边开采边治理”，基本实现了应绿尽绿，地裂缝、地面塌陷、矿石矿渣堆场等都得到了解决，但遗留的治理任务仍然巨大。具体表现在以下几个方面。

1）待治理面积还很大。据统计，截至 2020 年底，全省涉矿占地 $5.37\times10^4hm^2$。其中，露天采场占地 $1.99\times10^4hm^2$，工业广场占地 $0.73\times10^4hm^2$，废石堆占地 $0.32\times10^4hm^2$，矸石堆占地 $0.03\times10^4hm^2$，其他占地 $0.29\times10^4hm^2$，地面塌陷及地裂缝影响面积累计达到 $2.01\times10^4hm^2$。应治理、可治理的面积至少在 $1.00\times10^4hm^2$ 以上。

2）治理投入难以得到保障。由于矿山综合治理、关停退出、整合重组等工作持续进行中，部分矿山对矿区生态修复始终处于犹疑彷徨状态，不愿投入；部分矿山长期处于停产状态，缺乏资金投入生态修复；部分矿山由于市场低迷，长期亏损，无力进行投入；部分政策性关闭矿山，地方政府和企业都无力进行生态修复；有些过去群采矿山形成的裸露的掌子面、废石堆场、露天采坑等，缺乏治理主体。

3）治理难度大。河北省西部山区大面积分布石灰岩和白云岩，基岩裸露，植被稀疏，矿山不合理开采形成的大量掌子面，台阶很高甚至没有台阶，坡度很陡，很难保持土壤和降水，水土保持条件差，不利于植被生长，缺乏有效成熟的治理技术，治理难度很大。即使采用了挂网喷播、打孔种树、营养土堆砌等各种高成本治理技术，苗木生长缓慢且成活率较低，治理的效果仍然难如人意，尤其是后期的维护，成本高昂。近年有的区县采用了“光伏+生态修复”的治理模式，配合光伏发电，以达到生态修复和清洁能源产业的有机结合。但光伏发电设计受到太阳能资源、坡度、坡向、交通等条件的影响，还受到用地性质、电力接入系统、施工条件等影响，因而这一模式的推广受到的限制还是比较多的。

4）绿色矿山建设有待提高。绿色矿山建设是实现矿业绿色转型升级和高质量发展的必由之路，是实现矿业绿色发展、提高矿业发展质量和效益的重要抓手，是实现资源效益、经济效益、社会效益、生态效益协调统一的有效途径。从 2010 年 8 月 13 日发布《国土资源部关于贯彻落实全国矿产资源规划发展绿色矿业建设绿色矿山工作的指导意见》起，河北省通过国家级绿色矿山试点单位建设、国家级绿色矿山建设、绿色矿山储备库建设等，采取多项措施，上下齐动，不断努力，绿色矿山建设取得很大成绩。经过 10 余年的努力，河北省绿色矿山建设取得显著成绩，截至 2020 年已有 67 个矿山进入全国绿色矿山名录，18 个矿山进入省绿色矿山名录，99 个矿山进入省绿色矿山储备库。河北省矿山面貌发生天翻地覆的变化，绿色矿山正成为全省矿业发展的共识和目标。在看到成绩的同时，我们也要认识到，还有众多的生产矿山未达到绿色矿山标准，绿色矿山建设仍然困难重重，面临着众多的挑战。比如，绿色矿山建设需要巨额的资金投入，许多矿山抱有很深

的疑虑，瞻前顾后；许多矿山还与政府讨价还价，寄望于获取政府政策甚至是资金支持；许多矿山在矿区环境、资源开发、综合利用、科学管理等各方面还存在众多的问题。有的矿山长期停产，没有资金用于环境治理修复。有的矿山纯粹是认识不足，不愿投入。

7.1.8 自然资源碳汇调查监测体系尚需完善

河北省在林业碳汇测算评估、海洋典型生态系统碳储量评估以及碳汇试点方面进行了有益的探索，但在碳汇资源基础信息调查、监测和总体储量评估，自然资源碳汇机理研究，碳汇计量方法、参数模型构建等方面还有待进一步加强。

7.2 促进自然生态系统碳汇能力提升、实现其经济价值的建议

7.2.1 优化国土空间开发保护格局，巩固提升生态系统固碳效率和水平

7.2.1.1 突出规划导向引领作用

强化战略导向，将碳达峰、碳中和目标要求全面融入全省经济社会发展近期、中长期规划，开展现状碳排放、碳汇的空间分布特征与变化机理研究，探索规划减碳策略与碳排放、碳汇之间的耦合关系，开展规划方案减碳的多情境模拟与优化。加强全省发展规划、国土空间规划、专项规划、区域规划和市县级规划等各级各类规划的衔接，强化支撑保障，确保全区碳达峰、碳中和主要目标、发展方向、重大政策、重大工程、重大产业等协调一致，有效形成“双碳”约束下的国土空间规划方案，将“双碳”目标具体化。

发挥国土空间规划的引领作用，强化其对各专项规划的指导约束作用，将全省国土空间规划确定的目标任务、空间布局和重大项目，逐级落实到市、县、乡镇级国土空间规划，明确碳排放约束目标的植入，统筹规划山水林田湖草沙生命共同体的全部自然资源要素，达成固化碳源碳汇的空间分布、测控碳排放形式及总量、调增自然资源精细化管理碳汇能力的效应。

优化空间布局，抓住京津冀协同发展的历史机遇，高质量构建“两圈两翼、三带五区、多廊多心”的区域发展格局，深入实施主体功能区战略，聚焦重点生态功能区，强化绿色低碳发展导向和任务要求，统筹有序推进各地区生态系统固碳增汇。

要建立融入低碳理念的规划协调机制，包括总体规划与地区碳排放总量控制目标的衔接，专项规划与总体规划、行业发展目标与行业减排目标的衔接，以及详细规划与能源交通等工业或基础设施项目的规划许可、实施监督工作的衔接。另外，要完善用地分类标准，对现行土地利用标准的工业用地进行更有针对性的类别细分，使不同行业、不同类型设施用地的布局在国土空间规划中得到落实，发挥国土空间规划对碳减排的引导、管控、监督作用。

7.2.1.2 强化国土空间用途管制

完善主体责任体系，施行以政府部门为主导，以不同行政边界为增汇单元的多级责任

制度。建立健全由县级党委、政府为主导，各行政单元自然资源、农业农村、林业、发改、财政、生态环境、水利等主管部门各司其职、协同配合的工作机制，构建起“分区管控—地类管控—地块管控”的多级碳管控责任体系，贯彻好精细化管理和差异化管控的理念，发挥好国土空间规划的引领效应。

深化“多规合一”改革，以“多规合一”为基础，以服务项目精准落地为目标，深化规划用地“多审合一、多证合一、多验合一、多测合一”改革，加强对增汇固碳和碳排放的管控措施，健全以国土空间规划为基础、以用途管制为主要手段的国土空间开发保护制度。

统筹配置土地发展权，以“两山转化”理论与“区域发展空间均衡模型”为指导，以碳排放权和碳配额为锚定物，按照各地域主体功能的差异性，统筹配置土地发展权，城市化地区以减排为重点任务，郊野地区以增汇为重点任务。

科学分析碳效应，合理确定国土空间用途管制。调研论证，权衡利弊，分析不同类型国土空间冲突对于碳汇效应的影响，并探索碳源（碳汇）空间规律，识别碳源（碳汇）空间，确定空间管制措施。比如，就农业空间与生态碳汇空间的冲突而言，需要分析农业功能与碳汇功能的相互关系，尤其是农业生产方式乃至农业土地开发如何更积极地适应减碳增汇的要求。

明确管制范围，制定实施细则。根据 2021 年 11 月 27 日自然资源部、农业农村部、国家林业和草原局发布的《关于严格耕地用途管制有关问题的通知》，探索制定年度耕地“进出平衡”与生态退耕、自然灾害损毁、河流水面自然扩大等因素下的用途转用的实施细则。建议由省级政府制定严格耕地用途管制、造林绿化空间等相关政策，市、县级政府出台地方配套政策，细化落实耕地“进出平衡”。明确界定“耕地进出”平衡实施范围和管控要求，为国土空间用途转换提供政策依据。

城市规划中应严格控制建设用地规模，重点盘活低效用地，避免无序扩张和大拆大建，加强城市精细化管理，加强保障房建设、医疗教育和社区服务项目建设，做好低碳型和气候适应性规划，考虑适度的用地功能混合，降低城市通勤交通碳排放。乡村规划中应更关注公共基础设施建设和公共服务均等化，重点加强民生建设，做好乡村社会保障，发展各具特色的乡村产业，积极探索农业碳汇和农业生态资本价值实现机制。

科学划定“三区三线”，强化国土空间用途管制。系统谋划，规划引领，处理好造林绿化空间与耕地保护、耕地后备资源的关系，在符合国土空间规划和相关部门专项规划的前提下，以县级行政区划为单元依据，依据最新的国土变更调查成果，充分对接农业农村、林草、生态环境、水利等行业主管部门需求，系统谋划本地区绿化造林、设施农业项目建设、生态绿地建设需求，预留空间，避免产生冲突。建议有条件的地区，结合耕地后备资源调查、造林绿化空间、“三线”划定要求，编制补充耕地、造林绿化等专项规划。

7.2.1.3 加强生态系统空间保护

严守生态保护红线，严控生态空间占用。将生态保护红线、永久基本农田和城镇开发边界“三条控制线”，作为调整经济结构、规划产业发展、推进城镇化不可逾越的红线。落实主体功能区战略，明确城镇化地区、农产品主产区和生态功能区的发展要求，优化全省自然资源利用结构。加强国土空间规划和用途管控，以自然保护地和生态保护红线为重点，严格保护各类重要生态系统，稳固城市群内森林、草原、耕地、海洋、湿地等用地的生态系统碳汇能力。

7.2.1.4 强化生态系统灾害防治能力

加强气候变化影响和风险评估，加强极端天气气候事件监测预警，完善应急预案和响应，修订防灾工程技术标准，提高防洪排涝和调蓄抗旱能力。开展重大极端天气气候事件归因分析，发展极端天气气候事件和复合型灾害预测预警技术。建设气候变化风险早期预警平台和分灾种气象灾害监测预报预警系统，提升极端天气气候事件和地质灾害等预警准确率、精细度和提前量。加强气候变化观测网络建设，强化监测预测预警和影响风险评估，提升气候风险管理和综合防灾减灾能力。

健全林草防火减灾体系，构建“天空地一体化”林草全覆盖预警监测体系，健全林草防火视频监测、火场应急通信和信息指挥体系，加强林草防火预警系统建设，加强火灾防控现代化、信息传输自动化建设。加强以水灭火基础设施建设和防火应急道路体系以及重点部位硬质隔离设施建设，提高林草火险预警科学性和准确性。加强林草有害生物防控体系和防治能力建设，积极开展网格化监测预警，加强跨区域联防联治，坚持绿色防治和统防统治，大力推广生物防治、生态调控等绿色防控技术和现代化防治手段，实现主要林草有害生物的稳定控制，重点强化松材线虫病疫情防控措施，严控疫情传入。

加强海洋灾害防灾减灾能力调查研究，开展河北省沿海地区海洋灾害风险详查及重点防御区划定工作，编制全省海洋灾害风险管控清单，建立海洋灾害风险和重点隐患定期排查巡查机制。研究风暴潮、海冰、海平面上升等海洋灾害对海洋生态、沿海产业布局的影响，就海岸防护能力、沿海重大基础设施等开展海洋灾害防治试点工作，提出对策建议。基于海洋观测网络，整合现有数据资源，推动建立系统集成、高效共享、可视化综合展示的海洋观测预报和生态监测预警中心，对盐沼、海草床、砂质岸线、河口、海湾等海岸带生态系统进行生态要素监测。

7.2.2 加强林草湿地保护修复，恢复提升生态系统功能

7.2.2.1 科学推进国土绿化，精准提升森林质量

科学规划造林工程。造林绿化是一个系统工程，要讲究科学，有一个统一的规划，按地区和环境特点，从战略性高度来考虑发展规划和长远措施，使造林绿化工程达到高质量、高效益。按照因地制宜、适地适树的原则，科学确定树种和苗木规格，结合山地的不同特点，规划不同的林地类型。例如，在河川上游的集水区尽量造防护林，在海拔较低、土壤肥沃、种植环境较好的区域造经济林，在土壤水分较差的区域，造护坡林、固沟林、护岸林等。选择好混交品种，多营造乡土林木，鼓励使用针阔混交、针针混交、阔阔混交等类型，有利于提高林分质量，防止森林火灾病虫害的发生。

合理确定每年造林绿化面积。既不能保守又不能盲从，否则急功近利、事倍功半。以乔木为主，乔、灌、草等相结合组成的森林生态系统，是陆地生态系统中生物多样性最丰富、层次结构最复杂、生物量与生物生长量最高的生态系统，对提高碳汇增量、提升生态系统质量、维系自然生态平衡具有不可替代的作用。针对目前人工林质量较低的现状，今

后在规划设计中要体现稳定性、多层次、多树种、多效益的目标，利用植物种间相互依存、相互促进的关系，选择好混交品种，营造乡土林木，引进少量外来优良品种，使整个规划区的树种资源相对丰富。

改善立地条件。提前一个季节进行整地改为前一年的秋冬季进行整地，能充分使土壤熟化，提高土壤蓄水和保水能力，根据宜林荒山的地形地势进行精细整地，整理成低于坑面 20cm 的浅锅底形和外高里低簸箕形，有效蓄积天然降水，提高造林成活率。

合理安排造林空间，不断优化林分结构。精准落实绿化用地，依法合规开展大规模国土绿化。坚持因地制宜，乔灌草结合，封飞造并举，科学恢复林草植被。注重绿化品种多样化、乡土化，积极营造混交林，持续提升森林质量，稳步开展碳达峰、碳中和工作，科学选择治理模式，抓好新造林地封禁、中幼林抚育、退化林修复、疏林封育、补植补造、灌木林经营提升等工作，不断优化林分结构，提升系统功能和碳汇增量。在树种的选择方面，要遵循适地适树原则，结合造林地的实际情况，有选择性地挑选最适合当地实际情况的树种进行栽植。从河北省的山地特点来看，在选择造林的乔木树种时，尽可能选择落叶松、油松、侧柏、蒙古栎、五角枫等；选择灌木树种时，尽可能选择荆条、沙棘、紫穗槐等。还可以因地制宜引进酸枣、山杏等既适合干旱山地造林又有一定经济效益的树种，在实现荒山绿化目标的同时，发展壮大经济林产业，调动广大群众参与荒山绿化的积极性。

分区分类，实施重点区域绿化攻坚。深入实施“两山、两翼、三环、四沿”造林绿化攻坚任务，突出抓好坝上地区植树造林、太行山燕山绿化、雄安新区千年秀林、白洋淀上游规模化林场等重点工程项目，对宜林荒山荒地、未利用地、荒废和受损山体开展全面绿化攻坚。坝上地区通过“退、封、造、改、轮、限、舍”等多种途径，营造多树种、多层次的绿色生态屏障。太行山燕山地区，坚持人工造林与自然修复并举，生态林和经济林并重，大力开展立地造林，积极发展木本粮油、经济林果，全面恢复林草植被，提供优质生态产品。雄安新区采用近自然绿化及多种混交方式，建设生态防护林和景观生态林。

强化栽后管护，多层次开展森林经营抚育管理。栽植后与封山育林项目结合，不能放任不管，要将新造林地设立围栏、标牌、封禁标记等，配备护林员，进行封山禁牧，防止牛羊上山、野外用火等毁林现象的发生。同时加大依法治理力度，加强巡逻检查，对发现的毁林行为，要依法从严从重从快打击，确保“造一片、活一片、绿一片”。开展近自然森林经营，因地制宜采取抚育间伐、补植补造、人工促进天然更新等措施，提高林地生产力和森林碳汇能力。加强新造林抚育管理，及时开展除草、割灌、修枝和补植补造，提高造林成效。开展中幼林抚育经营，通过间密补疏、疏灌补乔、疏阔补针、引针入阔，优化树种结构，构建健康稳定的森林生态系统。对老化残缺防护林网进行修复，完善农田牧场防护林体系。推进天然次生林抚育改造，通过疏伐、透光伐等经营活动，改善林分生长环境，全面提升森林质量。

加大资金投入力度。荒山造林绿化难度高，投入大，应加大政策性资金投入，增加项目单位面积投入额度，整合中央及省级资金，提高资金使用效率，在碳汇能力较强的树种栽植上有更大的选择空间。采用多种渠道筹措资金，广泛吸纳社会资金投资林业建设，逐步形成以政府投入为引导，农民及各行业、社会各界人士投入为主体多元化投入格局。

加强行政推动。对多年没有绿化治理的荒山要实行属地政府负责制，由县、乡政府负责山场统一流转、统一绿化。在治理方式上，当地各级政府负责筹措绿化资金，将流转后的山场通过公开招标承包给专业绿化公司，负责造林绿化及抚育管护，成林后交给当地县、乡政府及村委会负责管理。

推动林草湿地数字化建设。加快推进林地、草地、湿地数据与第三次全国国土调查数据的对接融合工作，逐步解决林地、草地、湿地与其他土地的交叉问题，保证现有林地资源、草地资源、湿地数据有效对接，形成林草湿地资源“一张图”，同时开展国土绿化上图入库，全面推行造林绿化规范化、信息化、精细化管理。

成功案例：石家庄市鹿泉区响当当现代经济林示范区（图 7.1）的建设是省会西部绿色生态屏障的很好范例。政府通过制定优惠政策，提供技术支持，企业化运营。企业流转了西胡申村、东胡申村、西薛庄村和谷家峪村 240 余户的荒坡，共计 5000 多亩。铺设现代化水利设施，园区内每一块土地都实现滴灌及肥水一体化的高效节水灌溉。园区内生态林、景观林、经济林相得益彰，共栽植苹果、樱桃、桃、杏、梨、葡萄等各类经济林木 20 余万棵，目前 70% 的果树已挂果出现收益。园区以田园综合体建设为模式，以绿化美化、优质果品、生态养殖、休闲度假、观光采摘、花海田野、研学实践项目建设为抓手，以企业增收、农民增收、区域经济发展为目的，建有动物园、植物园、娱乐园、健身园、百花百果园、山地景观园、五谷丰登园、中药养生园、八仙（鲜）采摘园、散生养殖园、饮食文化园、农耕文化园，为石家庄及京津冀居民提供山清水秀、景色秀丽、宜修颐养、可游可赏、可娱可乐、可品可摘、可书可画、可学可做、可吃可住的一二三产业融合发展的休闲观光基地，成为集生产经营、科技研发、人才培养、农业示范、休闲旅游于一体的现代农庄，推动企业增效、农民增收和地方经济的快速发展。该项目生态效益显著，提高了森林覆盖率，还能绿化国土、美化环境，保持生态平衡，同时提升了造林质量，营造健康稳定高效的森林生态系统，有效增加森林碳汇量，增加森林生态系统的碳储量；经济效益明显，通过政策扶持，流转荒坡每年每亩可收益 1200 元，引进市场资金进行造林绿化，形成规模化经营、集约化经营，降低林业管理成本，企业所取得的部分收益用于后期养护管理，养护主体和林地管理有了充足保障；创造社会效益，充分发挥了山区种植经济林木的资源优势，建设以观光旅游采摘为主力的林果产业园区，探索绿水青山和金山银山双向转化，实现生态美、产业兴、百姓富的有机统一，为实现西部山区生态经济的可持续发展提供动力，为农民提供就业岗位，助力乡村振兴、宜居乡村建设。

图 7.1　石家庄市鹿泉区响当当现代经济林示范区远眺照片（彩版见图版 3.1）

7.2.2.2 强化草原生态保护，遏制资源环境退化

大力推进草原生态保护重点工程建设。坚持山水林田湖草沙综合治理、系统治理、源头治理，以自然修复为主、自然修复与人工治理相结合。依托京津风沙源治理、草原生态保护修复等项目，综合各地草原工作基础情况、草原资源及“三化”草原分布情况，科学选择重点修复区域进行集中规模修复治理。坚持试点先行、重点突破与面上治理相结合，工程措施与自然恢复相结合，开展围栏封育、补播改良、典型区域治理，推进退化草原人工种草生态修复示范区建设，做到治理一片、见效一片、保护一片，推动形成健康稳定的草原生态系统。

推进草原资源调查摸底和监测评价。要结合国土调查和年度资源资产负债表编制及国土空间规划，全面摸清草原面积、类型、生态状况等情况，加强草原监测网络建设，合理布局草原固定监测点，及时掌握草原动态变化情况。

建立健全各项草原保护制度。依法推进基本草原划定，由县级政府公布，统一设立保护标志，并予以公告，实行严格的保护措施，确保基本草原生态功能不降低、面积不减少、性质不改变；实行禁牧休牧和草畜平衡制度，对重点水源涵养区、生态环境脆弱区、草原自然保护区实行全面禁牧；在具备休牧、轮牧条件的区域划定休牧期、轮牧区，明确区域、期限、方式等内容；落实完善草畜平衡制度，定期组织开展草畜平衡核定；探索建立草原管护林草长制和退耕还草持续利用制度。

7.2.2.3 加强湿地保护修复，恢复生态服务功能

有效治理湿地环境污染问题。建立资源监测信息管理平台，加大湿地环境污染治理力度，制定并实施污水零排放政策，采取有效措施积极控制湿地污染的源头，建立湿地资源监测机构和监测信息管理系统，对湿地的污染和破坏进行实时监测。

实施生态补水，恢复湿地生态环境。根据湿地适宜生态需水量，对因最小生态需水量无法满足而受损的湿地生态系统进行生态补水，遏制生态系统结构的破坏和功能的丧失，促进湿地水体微循环畅通，逐渐恢复湿地生态系统原有的、能自我调节的基本功能。在河流湿地上游或周边实施植树造林和封山育林（草）工程，重建乔、灌、草植被，以减少泥沙、水土流失，从而降低湿地中泥沙淤积的风险。及时疏通河流湿地、湖泊湿地中淤积的泥沙，增强湿地蓄水和泄洪能力。

7.2.3 提高土地利用效率，促进土地利用绿色低碳

7.2.3.1 严格落实耕地保护制度，稳步提升耕地质量

坚持最严格的耕地保护制度。以摸清耕地资源家底，按照应保尽保原则，合理确定各地耕地保有量，进一步明确耕地和永久基本农田不同的管制目标和管制强度，严格划定永久基本农田，并实行特殊保护，耕地主要用于粮食和棉、油、糖、蔬菜等农产品生产，永久基本农田按粮田管理。科学确定土地分类标准，减少地类内部交叉，强化耕地用途管制，严格控制耕地转为建设用地，严格管控耕地转为林地、草地、园地、坑塘水面等其他

农用地及农业设施建设用地，规范临时用地。充分利用遥感监测、无人机巡查等现代化科技信息技术，及时发现查处各类违法用地行为。

全面推行耕地保护田长制。依托县、乡、村3级耕地保护田长制，健全耕地保护长效机制。构建耕地保护目标逐级分解、责任层层落实机制，省级每年对市级耕地保护目标落实情况进行检查，将检查结果纳入市级政府耕地保护责任目标考核。

有序推进全域土地综合整治、高标准农田建设、矿山修复治理、农民自主开发等各种途径产生的新增耕地，集中整治碎片化耕地，增加耕地面积。通过“小田并大田”，促进耕地集中连片，可提升农业规模化经营水平和生产效率，同时防范新增耕地闲置撂荒、改作他用的现象。

适当调整农作物种植结构。目前河北省主要农作物为玉米、小麦、蔬菜、花生、薯类、棉花、豆类、谷子、药材、稻谷、瓜果、甜菜、高粱、烟叶等，结合农业立地条件可适当提高碳吸收强度较高的甜菜、稻谷、玉米、小麦等的种植面积。

7.2.3.2 严控新增，盘活存量

严控新增建设用地规模，加大盘活存量力度。基于国土空间规划，确定建设用地的规模、布局、结构和时序安排，实行建设用地总量和强度双控。确保总量不突破、增量不超标，用地布局合理、用地结构调整优化，统筹建设用地时序安排。优化存量助减碳，持续推进“增存挂钩”机制，逐步完善建设用地“批、征、供、用”全流程监管体系，加大批而未供、闲置土地和低效用地的盘活处置力度，最大限度盘活存量建设用地。

7.2.3.3 严格执行土地使用标准

严格执行建设用地控制标准。持续深入推进“标准地”改革，严格项目准入机制，针对新增工业项目用地，明确将投资强度、容积率、建筑系数、碳排放、行政办公及生活服务设施用地所占比例、绿地率等土地利用控制性指标要求纳入土地出让合同中。严禁向高耗能、高排放、淘汰类工业项目供地，重点支持低耗能、低排放、鼓励类工业项目用地。

7.2.3.4 加强土地节约集约利用评价

加强土地节约集约利用监测、评价，推广节地技术和节地模式。开展行政区、城市、开发区建设用地节约集约评价，建立全省城镇低效用地数据库，研究低效用地判别认定标准，完善政府引导和市场参与的城镇低效用地再开发政策体系，深入推进城镇低效用地再开发，充分释放存量土地潜力。着力推动开发区集约用地。鼓励推进工业用地创新增效，充分运用“零增地技改”、厂房加层、转型升级、内部挖掘、提升车间利用空间等手段，以空间增效益、盘活存量土地，使单位面积土地上的产出率不断增长，有效提高土地利用率。

7.2.4 加强海洋集约利用，不断提升海洋蓝碳

7.2.4.1 推进滨海湿地修复，提升蓝碳增汇功能

妥善处理围填海历史遗留问题，修复和恢复围填海区域的海洋生态环境。深化落实围

填海生态保护修复方案，采取河口清淤疏浚、岸线整治修复、滨海湿地修复、填海区生态功能提升等措施，实施秦皇岛市海港区、北戴河新区、昌黎县，唐山市乐亭县、唐山湾国际旅游岛、海港经济技术开发区、曹妃甸区、滦南县及沧州市渤海新区围填海区整治修复。

加强典型海洋生态系统常态化监测监控。采用遥感监测、现场调查、野外长期监控等多技术手段，深化拓展海岸线以及海湾、河口、海草床等典型海洋生态系统健康状况监测监管，加快构建省级海洋生态监测监控网络。加大海洋自然保护地和生态保护红线监管。加强海洋生态修复监管和成效评估。

建议河北省部分沿海城市率先开展海洋碳汇能力建设工作。深挖和提升海洋碳汇潜力，加快海洋碳中和核算机制与方法学研究，建立河北省海洋碳足迹相应方法与技术、计量步骤、操作规范和评价标准。

编制河北省沿海各市蓝碳能力专项规划。以海草床、盐沼等具有高碳汇能力的蓝碳生态系统为典型，系统开展蓝碳生态系统碳汇能力评估工作，准确计量和提升河北省海洋碳汇能力。以河北省海草床、盐沼分布范围和碳储量为重点参考要素，科学划定禁止养殖区、限制养殖区和养殖区，优化水产养殖空间布局。

持续开展滨海湿地生态修复。制定严格海洋保护措施，严禁在重点生态功能区以及海洋修复区内开展严重影响海洋生态功能的渔业生产活动；以海草床生态系统保护与修复作为着力点，开展生态修复工作，恢复海草床生态系统；以沿海城市海洋生态系统碳汇建设为契机，打造河北省蓝色经济增长极。

7.2.4.2 加强海洋资源节约集约利用

严格审核用海项目，最大限度控制用海规模。提升海域资源利用效率，探索海域使用权立体分层设权管理制度，加强海域海岛监管，严格控制项目围填海或占用自然岸线，减少人类活动对海洋自然空间的占用，保护海洋生态系统。

7.2.5 加强矿山生态修复，促进矿山绿色转型

矿山生态修复是一个系统工程，既包括生产矿山的“边开采边修复”，也包括废弃矿山的地质环境治理、地形重塑、土壤重构、植被重建等。矿山生态修复在提升生态系统功能的基础上，还可以在一定程度上减少因矿产资源开采引起的碳排放，促进矿山生态系统由碳源向碳汇转变，提高碳汇能力，助力全省碳中和目标的达成。

7.2.5.1 加强矿山修复治理，改善重点地域景观

土地利用、覆被变化是决定陆地生态系统碳储量和影响碳循环的重要因素（郭冬艳等，2021）。矿山生态修复改变了土地利用和覆被类型，大量建设用地转变为林地、草地、耕地、湿地等，矿区生态系统碳汇增加。矿山生态修复常见的植被储碳密度存在明显差异，圆柏>油松>水曲柳>红柳>驼绒藜>柠条>沙木蓼>草本植物。植被类型不仅影响着植被碳库，还会通过影响土壤因子而影响土壤碳库（苏军德，2018）。

加快政策性关闭矿山生态修复。以燕山太行山区和坝上地区为重点，实施政策性关闭矿山的生态修复工作。各级政府及矿山企业按照协议约定对关闭矿山的生态修复工作负

责，按照“宜林则林、宜耕则耕、宜草则草、宜建则建、宜景则景”和“一处一策”的原则，结合《矿山地质环境保护与土地复垦方案服务指南》，采取修复绿化、转型利用、自然恢复等综合治理措施，开展生态修复工作。

对于遗留矿山，通过“生态修复+产业导入”模式加快治理进度。针对矿山具体情况，灵活确定矿山环境治理模式，如矿山复绿、农业用地、建设用地、休闲公园、矿山公园等治理模式，这样既可以弥补矿山修复的经费投入不足，为废弃矿山修复提供充分的资金保障，又能够突破实体经济建设用地瓶颈，带动产业发展，真正实现废弃矿山修复工作的社会效益、经济效益和生态效益的有机统一。

矿山生态修复要始终强调自然恢复为主、人工修复为辅的基本原则，充分尊重自然规律，发挥自然恢复潜力。对于无安全隐患、有合适的立地条件，具备植被存活的土壤、水源等基本条件，周边植被生长较好、面积又不大的矿山，可考虑采用自然恢复。自然恢复过程相对较长，但能够最大程度利用自然资源，降低资金投入。自然恢复通常并不排除一些必要的人工干预措施，如微生物添加、种子播撒等（图 7.2）。

图 7.2　石家庄市井陉县微水镇东庄村西南废弃的灰岩矿自然复绿照片（彩版见图版 3.2）

积极探索市场化方式进行矿山生态修复新模式。积极探索、认真落实《自然资源部关于探索利用市场化方式推进矿山生态修复的意见》（自然资规〔2019〕6 号）和《河北省关于探索利用市场化方式推进矿山生态修复的实施办法》（冀自然资规〔2020〕2 号）文件精神，把文件给予的相关优惠和措施用足用透，积极做好政策解释，细化相关程序细则，打消矿山企业和相关机构的顾虑。可以通过示范引领、以点带面、全面推进的总方针，营造规范有序、公平竞争的市场环境，保障各方权益，实现合作共赢。

创新多元化矿山治理模式。大力探索“政府主导、政策扶持、社会参与、开发式治理、市场化运作”的矿山环境恢复和治理新模式，通过政策激励，吸引各方投入，推行市场化运作、科学化治理的模式，加快推进矿山生态修复。鼓励社会主体根据相关政策对矿山土地综合修复利用，盘活矿山建设用地存量，合理利用削坡减荷、消除地质灾害隐患等修复工程新产生的土石料以及原地遗留的土石料。废弃土石料首先用于本修复工程，确有剩余的，可通过县级人民政府纳入公共交易平台，对外进行销售，销售收益全部用于本地区生态修复工程，涉及社会投资主体承担修复工程的，保障其合理收益。同时积极探索建立生态修复过程中产生的自然资源、生态修复产品市场化的交易渠道，制定交易原则，依托公共资源平台，规范市场化体系。鼓励企业利用矿山废弃地建设矿山公园，探索矿山环境治理与土地开发、旅游、养老、养殖、种植等产业融合发展；加强新型生态护坡、免养护治理、环境美学及物种多样性等新技术、新方法的研究与推广应用，推广先进的治理模式；提高保护治理水平，加快治理进程，努力实现生态效益、经济效益和社会效益多赢（图 7.3、图 7.4）。

图 7.3　石家庄市鹿泉区废弃矿山掌子面藤蔓植物复绿技术试验照片（彩版见图版 4.1）

图 7.4　石家庄市井陉县威州镇南固底村西太行山区矿山掌子面治理技术试验照片（彩版见图版 4.2）

抓好矿区生态修复关键技术攻关。矿区生态修复虽然经过数十年的探索，积累了丰富的经验，探索创建了矿山复绿、农业用地、建设用地、空间再用、休闲公园、文化造景、边采边治、矿山公园等矿山环境治理模式。

以资源综合利用推动矿区生态修复。大力推动对矿山土石、矸石的综合利用，利用矿山排出的土石料和煤矸石等生产建筑用砖、建筑石料、建筑用砂，亦可用于公路铁路建设、绿化等基础设施建设，也可用于井下充填等。在有的交通条件较好的地区，甚至可以实现废石料的 100% 利用。废石堆和矸石堆资源化利用后，腾退出的土地可用于自然绿化、耕地复垦甚至建设用地。矿区生态修复将使得矿区生态获得极大改善。

加强全过程碳足迹管理，开展矿山生态系统碳循环理论研究，借鉴生态学、生态系统管理学、经济学等多学科理论和方法，建立统一的矿山生态修复碳足迹核算标准，统筹考虑短期效果和长期效益，全面衡量其碳汇增量。通过健全的碳足迹管理机制使矿山生态修复成果可量化、可评估、可预测，可更好地根据实际需求及时调整具体任务措施。

成功案例：2008—2019 年石家庄市井陉县采用“消除地质灾害隐患+工程治理绿化”的生态复绿模式，对 10 处责任主体灭失矿山进行了治理，累计修复面积 4412 亩，经估算可减少碳排放 7.0×10^4 t/a，产生氧气 5.1×10^4 t/a。2020—2021 年，井陉县采用“工程治理+转型利用+自然复绿”的矿山生态修复治理模式，完成生态修复责任主体灭失矿山共 86 个，修复面积 3130 亩，经估算可减少碳排放 4.96×10^4 t/a，产生氧气 3.62×10^4 t/a。2022—2025 年，井陉县结合矿山迹地现状情况，按照“一矿一策，因地制宜；分区分类，科学治理；资源整合，生态兼顾；绿色发展，适度开发”等原则，将采用“占补平衡项目+光伏项目+建设项目+农林项目+工程治理项目”多种项目相结合的开放式治理方式，来完成全县矿山生态修复工作，预计可修复矿山 100 处，修复面积约 20443 亩。该县在上安镇等地 6 处集中连片矿山迹地进行光伏项目招商，光伏项目与生态修复相结合，开展矿山迹地生态修复。

7.2.5.2 加快绿色矿山建设步伐

绿色矿山建设是指在矿产资源开发全过程中，实施科学有序的开采，对矿区及其周边生态环境扰动控制在可控范围内，实现矿区环境生态化、开采方式科学化、资源利用高效化、管理信息数字化和矿区社区和谐化的矿山。绿色矿山建设，首先要矿区复绿实现应绿尽绿；其次要改善开发方式和利用技术提高资源利用率，减少污染物排放，推广节能降碳技术等。绿色矿山建设不仅改善了矿山环境，解决了部分历史遗留难题，也较好地解决了新开采区出现的问题。未来需要从以下几个方面进一步推动相关工作。

加大宣传力度。要通过各类新闻媒体特别是新媒体、会议、新闻报道等形式，宣传绿色矿山建设对于河北省生态文明建设和矿业绿色高质量发展的重要意义，促使矿山企业树立绿色发展理念，要使矿山企业更清楚地认识到：建设绿色矿山是企业使用资源、扰动环境后必须履行的义务，而不是向政府索要优惠政策或补贴资本。要使社会大众理解，保护环境人人有责，充分发挥社会监督作用，推动绿色矿山建设加速推进。

鼓励矿山企业加大绿色开采资金投入。创新绿色开采技术和方式，构建科技含量高、环境影响小、开发效益好的绿色矿业发展模式。通过建设开采方式科学化、资源利用高效化、生产工艺环保化、企业管理规范化、矿山环境生态化、矿区社区和谐化的绿色矿山，加快形成绿色矿业格局。新建、改扩建矿山按照绿色矿山标准进行规划、设计、建设和运营管理，生产矿山要因地制宜全面开展绿色矿山建设，加快升级改造，逐步达到绿色矿山标准。

充分发挥规划引导作用。省级矿产资源规划和各市县矿产资源规划对绿色矿山建设的目标、进度、政策支持有明确要求，要充分发挥规划的引导作用，采取多种措施，保障规划目标按时、保质完成。

分类施策，发挥矿山企业主体作用。矿山企业是绿色矿山建设的主体和责任人。对于新设置采矿权，应在招标文件和矿业权出让合同中明确矿业权人按照绿色矿山建设标准进行设计、施工和生产的义务和目标。对于基建矿山，要通过合同、承诺书等明确矿业权人按照绿色矿山建设标准进行建设。对于生产矿山，在矿业权人办理矿业权延续、年检时，签订绿色矿山建设承诺书，通过矿山升级、改造、复绿等措施逐步达到绿色矿山标准。

建立稳定运行、动态管理的河北省绿色矿山名录库。多年运行，河北省已经建立起企业申报、第三方评估、管理部门核查的绿色矿山遴选机制。关键是建立绿色矿山名录的动态管理机制，让达标的矿山及时进入名录，让退步较大、已经达不到绿色矿山标准的矿山及时退出绿色矿山名录。

积极实施支持政策和限制性政策。对于建成绿色矿山的企业在矿山扩界、资源利用、土地利用、金融支持等各方面予以支持和倾斜。未达到绿色矿山建设标准的矿山不予深部扩界，限制矿业权人外围扩界和新矿业权的获得。

示范引领、积累经验、全面建设。针对不同类型矿山，尤其是露天矿山，及时发现亮点突出的优秀企业，加强典型经验、先进模式、标准规范、政策制度的总结与推广，加以推广宣传，强化考核评估，先进带后进，逐步推开，全面推进。改变过去只重视大中型矿山或设定绿色矿山建设比例的做法，全部生产矿山都应该建设绿色矿山。

7.2.6 开展自然生态系统固碳增汇研究及调查监测体系建设，深化科技增汇支撑能力

开展自然资源碳汇研究以及探索建立自然资源碳汇调查监测体系，是加强生态系统碳汇的基础支撑工作，建议遵循基础研究—碳汇核算—调查监测的思路，构建碳汇动态数据库，实现基础夯实—成果应用—动态监管—生态补偿。

7.2.6.1 加强自然生态系统碳汇机理及增汇固碳技术研究

加强生态系统碳汇的基础理论、基础方法、科学机理研究。开发具有显著固碳增汇效果的生态系统保护修复技术。加强对森林、湿地、海洋等不同生态系统碳汇机理、碳汇能力、增汇技术等进行研究。从自然生态系统的全局性、系统性、差异性视角出发，科学探索生态保护修复和国土空间的管控机制，强化森林、草原、耕地、湿地等生态系统的碳汇能力。挖掘海洋的碳汇潜力，发展海洋低碳、滨海固碳、深海储碳技术理论，探索研究海洋碳汇标准体系，加快研发海洋负排放技术方案，推动海洋种植技术的提升，恢复物种多样性，提升海洋蓝碳生态系统碳汇增量。开展地质碳封存潜力与适宜性研究，加大地质调查评价力度，进一步发掘二氧化碳地质封存潜力及条件，利用地质多样性和多功能性，开展深部地质空间碳汇潜力评价，结合全国二氧化碳储存潜力与适宜性评价等成果，充分利用渤海湾盆地附近的钢铁厂数量多、二氧化碳排放量大、封存场地适宜性较高、源汇匹配较好的特点，优选地质封存目标靶区以及场地进行潜力调查评价。适时开展张家口、北京-唐山、太行山东部、宣化-蔚县等 4 个主要含煤盆地二氧化碳封存潜力及条件调查，为二氧化碳封存提供地下空间和技术支持。

7.2.6.2 建立生态系统碳汇核算体系

依托和拓展现有自然资源调查监测体系，充分运用生态综合监测评价成果，基于生态系统碳汇机理，研究不同生态系统碳汇计量指标、方法、参数和模型，建立生态系统碳汇

核算体系。开展自然生态系统碳汇本底调查、碳储量评估、潜力分析。推广遥感等新技术手段应用，研制更加简单可行的动态核算方法，为碳汇监管提供支撑。实现生态系统碳汇评估核算在类型、时间、空间上的统一。

7.2.6.3 构建生态系统碳汇动态监测网络

依托和拓展自然资源调查监测体系，充分运用国土调查、森林资源清查、遥感监测等基础数据和技术优势，探索开展碳汇监测对象的分区分类、碳汇监测技术研究、基于自然资源调查监测体系协同构建碳汇监测核算体系等研究，选择典型试点开展森林、草原、湿地等碳汇本底调查和碳储量评估、碳汇变化监测、生态保护修复碳汇成效监测，为全面开展碳汇监测打下良好基础。充分利用自然资源监测手段，特别是卫星遥感等技术手段，加强实时性、全天候的监测，建立动态监测网络，对区域、生态保护修复碳汇进行动态跟踪观测与监测评估。

7.2.7 建立碳汇产品价值实现机制，完善健全生态保护补偿制度

7.2.7.1 明确碳汇生态产品保护补偿对象

开展碳汇生态产品基础信息调查。基于碳汇核算体系，摸清森林、海洋、湿地等自然资源生态产品的数量、质量等情况，编制并动态更新目录清单，将碳汇价值纳入生态保护补偿核算内容。依托自然资源统一确权登记，明确碳汇生态产品权责归属，清晰界定自然资源资产产权主体，划清所有权和使用权边界，合理界定出让、转让、出租、抵押、入股等权责归属，为进一步明确补偿对象的地区和主体提供基础支撑。

7.2.7.2 建立健全生态保护补偿机制

吸引社会资本注入、激励绿色金融发展，有效扩大生态产品产出规模，加速生态产品价值实现，支撑碳汇生态补偿兑现。依托自然资源调查监测体系，编制并动态更新生态产品目录清单，开展生态系统碳汇价值评估，将碳汇价值纳入价值核算体系。研究制定碳汇项目参与全国碳排放权交易相关规则，不断拓展交易领域，积极参与碳汇市场建设。

充分发挥生态补偿机制的调节作用，不断完善生态保护补偿制度和生态环境损害赔偿制度，助力生态保护转化为经济利益。扩大补偿范围和标准，助力生态脆弱地区持续改善生态环境，形成生态保护—碳汇产品价值创造—市场交易与生态补偿—充实生态保护账户的绿色循环。

各自然资源生态补偿措施如表 7.1 所示。

表 7.1 各自然资源生态补偿措施一览表

自然资源类型	生态补偿措施
森林	健全地方公益林补偿标准动态调整机制；完善以政府购买服务为主的公益林管护机制；合理安排停止天然林商业性采伐补助奖励资金
草原	扩大退牧还草工程实施范围，适时研究提高补助标准，逐步加大对人工饲草地和牲畜棚圈建设的支持力度；实施新一轮草原生态保护补助奖励政策，根据牧区发展和省内财力状况，合理提高禁牧补助和草畜平衡奖励标准；充实草原管护公益岗位

续表

自然资源类型	生态补偿措施
耕地	完善耕地保护补偿制度；建立以绿色生态为导向的农业生态治理补贴制度，对在地下水漏斗区、重金属污染区、生态严重退化地区实施耕地轮作休耕的农民给予资金补助；扩大新一轮退耕还林还草规模，逐步将25°以上陡坡地退出基本农田，纳入退耕还林还草补助范围；研究制定鼓励引导农民施用有机肥料和低毒生物农药的补助政策
海洋	完善捕捞渔民转产转业补助政策，提高转产转业补助标准；继续执行海洋伏季休渔渔民低保制度；健全增殖放流和水产养殖生态环境修复补助政策；研究建立国家级海洋自然保护区、海洋特别保护区生态保护补偿制度
湿地	稳步推进退耕还湿试点，适时扩大试点范围；探索建立湿地生态效益补偿制度，率先在国家级湿地自然保护区、国家重要湿地、省级重要湿地开展补偿试点
水流	在集中式饮用水水源地、重要河流敏感河段和水生态修复治理区、水产种质资源保护区、水土流失重点预防区和重点治理区、重要蓄滞洪区以及具有重要饮用水源或重要生态功能的湖泊，全面开展生态保护补偿，适当提高补偿标准；加大水土保持生态效益补偿资金筹集力度

开展区域碳汇生态补偿试点。以典型区域、典型领域生态产品实物量为重点的生态价值核算，再通过市场交易、经济补偿等手段，探索不同类型碳汇生态产品经济价值核算，在先行先试中改进机制设计，形成成熟的机制框架和可推广做法后，总结推广试点经验，以点带面，逐步修正完善核算办法，合理设定各生态类型产品的补偿标准。构建起区域协同减碳增汇的生态补偿机制，推动所涉主体成为利益相关方，将碳汇外部性内化为行为主体的成本或收益。加强生态环境修复与损害赔偿的执行和监督，提高破坏违法成本。探索多元化投入机制，吸引社会资本注入、激励绿色金融发展，拓宽生态保护补偿资金渠道。

第8章 主要结论

1）基于河北省2000—2020年期间的自然环境数据、社会经济数据以及土地利用数据，应用多种分析方法，在刻画省域内森林、草原、耕地、海洋和湿地等各自然资源禀赋、分析各自然资源碳收支和土地利用变化碳效应的基础上，综合评价河北省生态系统碳汇能力，预测未来生态系统碳汇能力的演化规律。同时，基于典型案例，深入剖析影响生态系统形成碳汇的因素，探索区域生态系统碳汇能力和碳汇价值提升及最大化利用路径，最终提出河北省促进碳汇能力提升和碳汇产品经济价值实现的对策建议，以期为河北省乃至全国范围内的碳汇管理和生态保护提供决策依据。

2）森林资源在碳汇变化中展现出显著的时空分布特征。近年来，随着生态保护和林业建设力度的加大，河北省的森林资源总体呈现出面积增长、覆盖率提升的良好态势，森林固碳功能在显著提高。从不同森林资源清查时期来看，前5次清查的平均碳汇量为85.69×10^6t，1999—2021年的平均碳汇量为154.98×10^6t，平均碳汇量增加了1.8倍以上。利用MATLAB软件对河北省森林碳汇量进行了灰色预测，探讨了森林碳汇的增长潜力及其对碳减排的贡献。预测结果显示至2033年，森林碳汇量仍可显著增长，且增长趋势加速，若2028年、2033年河北省二氧化碳排放量分别为1066.70×10^6t、1183.38×10^6t，彼时河北省森林碳汇量可占同期全省二氧化碳排放量的22.90%和24.15%，展示了森林在应对碳减排中的重要作用。时空分析结果表明，各市之间的森林资源分布和增长情况却存在差异，这种不均衡性要求我们在制定区域性生态保护政策时需充分考虑地区特点，实施差异化管理策略。整体来看，河北省森林碳汇在碳减排中的作用日益凸显，为实现碳中和目标提供了有力支持。

3）河北省草原碳汇情况显示出与森林不同的变化规律。河北省的草原面积在过去30年间总体呈先增后减的趋势，2000年以后，草原面积开始逐步减少，呈现逐年下降态势。不同地区的草原变化趋势各异，如冀西北地区的张家口市得益于生态修复项目的实施，草原面积虽有波动但总体呈增加趋势；而承德市和保定市则因城镇化进程加快、农业结构调整等因素，出现较大幅度的减少。草原向森林、耕地和建设用地的转化是其主要变化形式，尤其是向耕地的转移，1990—2000年，草原转化为耕地的面积达到$1950.36km^2$，而在2010—2020年间，这一数字激增至$2942.21km^2$，这一定程度上减少了草原的生态服务功能。此外，自2000年后，随着城镇化进程的加快，建设用地的快速扩张也成为草原资源减少的主要原因。通过InVEST模型和PLUS土地利用模型展开分析，河北省草原碳汇能力逐步下降，1990—2000年间碳汇量下降了8.7761×10^6t，2000—2010年间碳汇量下降1.9320×10^6t，下降幅度有所减少，但2010—2020年间碳汇总量下降25.3974×10^6t，草原碳汇储量达到最低值。因此，加强草原资源的保护和管理，防止其过度开发利用，对于维护区域生态平衡、提升碳汇能力具有重要意义。

4）河北省的耕地资源在时空分布上同样呈现出显著的不均衡性和动态性。研究期内，河北省耕地面积总体呈现下降趋势，尤其以2000—2015年间减少最为显著，共减少了9080.97km^2。耕地面积变化与城镇化、工业化进程加快以及农业结构调整等因素密切相关。耕地具有重要的碳源和碳汇双重角色，其碳收支特征尤为复杂。一方面，耕地通过农作物生长和土壤有机碳积累具有一定的碳汇功能；另一方面，农业活动如化肥使用、农业机械作业等又会产生碳排放。整体来看，河北省种植业净碳汇量从2001年的2239.15×10^4t到2020年的3563.73×10^4t。用最大值法计算河北省耕地土壤碳汇潜力，农作物碳储量到2025年为4202.4037×10^4t，比2001年实现增汇1936.26×10^4t，这说明农作物碳汇潜力巨大。土壤有机碳密度在0.63～8.95kg/m^2之间，平均值为2.09kg/m^2。因此，在耕地资源管理中，需要综合考虑碳源和碳汇的平衡关系，采取科学合理的耕作方式和土地利用模式，以提升耕地的综合碳汇能力。

5）河北省拥有丰富的港址资源和滩涂盐碱地，为海洋经济的发展提供了良好的条件。然而，随着人类活动的增加，如养殖池塘建设和港口开发，海岸线形态发生了显著变化，对生态环境和经济发展产生了深远影响。河北省海洋碳汇与海水养殖业发展密切相关。海水养殖蓝碳作为一种重要的碳汇形式，具有固碳量大、稳定性强等优点。2000—2020年，河北省海水养殖蓝碳量总体呈现出增长趋势，从2000年的0.66×10^4t增长至2018年的4.74×10^4t，年均增长率为11.58%，年均固碳约2.79万吨。尽管在2020年略有下降，但总体上仍保持在较高水平，这一变化与河北省海水养殖业的快速发展密切相关。

6）河北省湿地资源同样表现出显著的动态变化。研究期内，河北省湿地总面积减少，尤其是沼泽地减少显著，其转变主要是湿地流向耕地和建设用地。同时，也存在新增湿地，其主要来自耕地、水域及水利设施用地和林地的调整。这种变化与经济发展、土地需求增加及生态环境政策密切相关。从时序变动来看，2009—2017年间，湿地总面积有所减少，年均减少约0.4×$10^4$$hm^2$，主要源于沿海滩涂、内陆滩涂及沼泽地的减少。其中，沼泽地在2016—2017年间减少尤为显著。本研究对白洋淀湿地进行了碳汇测算，结果表明，2022年白洋淀湿地土壤碳汇量为73.98×10^4t，植被碳汇量为9.30×10^4t，水体碳汇量为7.91t，碳汇总量为83.28×10^4t。比较来看，湿地碳汇能力整体呈现出土壤碳汇能力>植被碳汇能力>水域碳汇能力。

7）河北省作为华北地区的重要生态屏障。整体来看，2000—2020年河北省碳储量呈上升趋势，2000—2010年间，河北省碳储量从2245.17×10^6t增加到2250.22×10^6t，增幅为0.23%；2010—2020年间，河北省碳储量从2250.22×10^6t增加到2258.38×10^6t，增幅为0.36%；20年间共增加13.21×10^6t，虽然部分耕地转化为草地、建设用地导致了碳储量的减少，但20年间林地面积的增加使得碳储量增加总量大于其减少量，实现了碳储量的持续增加。此外，不同类型自然生态系统的碳收支能力差异显著。2000—2020年间，河北省耕地、草地减少，林地、建设用地增加，整体碳储量因林地扩张而上升。河北省各自然资源的碳收支特征研究结果显示，林地固碳能力整体较强，每年达到90.42$g \cdot m^{-2}$，以乔木林的碳汇能力最强；工业用地碳源效应明显，每平方米工业用地每年会导致545.35kg的碳排放量。碳汇能力由高向低排列大致为：林地>园地>草地>湿地>其他用地；各自然资源碳密度值由高到低排序为：林地>园地>草地>湿地>耕地>其他用地>交通

运输用地>生活用地>水域>其他建设用地>工业用地。

8）从区域角度来看，河北省的北部及西部地区的碳密度均值较高，主要与这里广泛分布的林地和草地资源相关；在南部平原地区以及沿海地区，主要以耕地和建设用地为主，碳密度值均较低。此外，部分耕地和林地向草地资源的转化也表明生态系统内部存在一定的自我调节能力。林地、园地、草地、湿地作为为数不多的负减排技术，在未来应当着重加以保护，而耕地、工业用地、建设用地、交通运输用地还亟须碳减排技术的应用。研究表明，碳储量高的地方多集中在林地、耕地等碳密度高的区域。由预测结果可知，2030 年耕地保护情景下河北省碳储量最高，碳储量能达到 2288.87×10^{6}t。

9）从整体来看，河北省的林地、园地、草地和湿地作为重要的碳汇资源，其固碳能力较强；而耕地、工业用地、建设用地和交通运输用地等则亟须碳减排技术的应用。

10）未来，通过优化土地利用结构、加强森林和草原保护、恢复湿地生态系统等措施，可以显著提升河北省的碳汇能力。同时，在政策制定上，应加大对生态保护和碳汇项目的支持力度，完善碳汇交易市场和激励机制；在科技支撑上，应加强碳汇监测和评估技术的研究与应用；在资金投入上，应建立多元化的融资渠道和合作模式；在公众参与上，应加强“双碳”理念的普及和宣传教育工作。通过综合施策、协同推进，河北省的碳汇潜力将得到进一步释放，为实现碳中和目标做出更大贡献。

主要参考文献

国家林业和草原局，2023. 2021中国林草生态综合监测评价报告［M］. 北京：中国林业出版社.

国家林业局，2014. 中国森林资源报告：2009—2013［M］. 北京：中国林业出版社.

陈芳，2009. 基于GIS的天水市麦积区土壤有机碳空间分布及储量估算［D］. 兰州：甘肃农业大学.

陈芳，盖艾鸿，李纯斌，2009. 甘肃省土壤有机碳储量及空间分布［J］. 干旱区资源与环境，23（11）：176-181.

陈雅文，韩广轩，赵明亮，等，2021. 基于DNDC模型评估水位变化对滨海湿地净生态系统CO_2交换的影响［J］. 生态环境学报，30（2）：254-263.

褚艳玲，张倩，王石，等，2022. 深圳市大鹏湾盐田区近岸海域海洋碳汇量核算及影响因素研究［J］. 环境生态学，4（11）：13-22.

崔林林，李国胜，等，2020. 滨海盐沼湿地植被净初级生产力变化对土壤因子的响应［J］. 生态学报，40（19）：7018-7029.

崔茜茜，2021. 中国省（区）域海水养殖碳汇渔业效率及时空分异研究［D］. 大连：辽宁师范大学.

党晓宏，高永，虞毅，等，2011. 沙棘经济林碳汇计量研究［J］. 水土保持通报，31（6）：134-137.

邓元杰，姚顺波，侯孟阳，等，2020. 退耕还林还草工程对生态系统碳储存服务的影响：以黄土高原丘陵沟壑区子长县为例［J］. 自然资源学报，35（4）：826-844.

杜海龙，陈训刚，谭珂，2023. 碳中和目标下广东省海水养殖碳汇能力评估及其影响效应分析［J］. 海峡科学（3）：67-72，84.

杜雪，王海燕，2022. 中国森林土壤有机碳活性组分及其影响因素［J］. 世界林业研究，35（1）：76-81.

方精云，郭兆迪，朴世龙，等，2007. 1981~2000年中国陆地植被碳汇的估算［J］. 中国科学（D辑：地球科学）（6）：804-812.

方精云，黄耀，朱江玲，等，2015a. 森林生态系统碳收支及其影响机制［J］. 中国基础科学，17（3）：20-25.

方精云，于贵瑞，等，2015b. 中国陆地生态系统固碳效应：中国科学院战略性先导科技专项"应对气候变化的碳收支认证及相关问题"之生态系统固碳任务群研究进展［J］. 中国科学院院刊，30（6）：848-857，875.

付帅，彭雨欣，徐炳先，2023. 基于PLUS与InVEST模型的鄱阳湖流域碳储量时空变化与预测［J］. 环境工程，41（10）：163-172.

付玉营，2023. 基于GEE云平台的森林碳储量估算［D］. 南昌：南昌大学.

高旭，2022. 嫩江流域天然植物群落生态系统碳储量沿湖岸至高地空间分异规律及影响因素［D］. 哈尔滨：东北林业大学.

巩晟萱，张玉虎，李宇航，2023. 基于PLUS-InVEST模型的京津冀碳储量变化及预测［J］. 干旱区资源与环境，37（6）：20-28.

郭冬艳，杨繁，高兵，等，2021. 矿山生态修复助力碳中和的政策建议［J］. 中国国土资源经济，34（10）：50-54.

过梦倩，吴正杰，单亦轲，2024. 浙江省海洋碳汇资源及潜力评估［J］. 海洋开发与管理，41（2）：3-14.

韩广轩，宋维民，李远，等，2023. 海岸带蓝碳增汇：理念、技术与未来建议［J］. 中国科学院院刊，38（3）：492-503.

何树臣，马树恩，宋伟，等，2017. 河北丰宁林业碳汇及市场化生态补偿实践［J］. 林业经济，39（11）：61-63，107.

洪杉杉，张广帅，等，2024. 河口盐沼湿地植被碳汇能力对水文连通性的响应研究进展［J］. 生态学杂志，44（2）：609-618.

姜霞，2016. 中国林业碳汇潜力和发展路径研究［D］. 杭州：浙江大学.

李昂，刘存歧，董梦荟，等，2013. 河北省海水养殖贝类与藻类碳汇能力评估［J］. 南方农业学报，44（7）：1201-1204.

李长生，2004. 陆地生态系统的模型模拟［J］. 复杂系统与复杂性科学（1）：49-57.

李发东，岳泽伟，2021. 加强东北黑土地保护，实现粮食安全与固碳增汇协同发展［J］. 中国发展，21（6）：66-70.

李克让，2002. 土地利用变化和温室气体净排放与陆地生态系统碳循环［M］. 北京：气象出版社.

李林泽，2020. 简析开发林业碳汇项目的基本条件［J］. 现代农机（3）：8.
梁森，张建军，王柯，等，2023. 区域生态保护修复碳汇潜力评估方法与应用：基于第一批山水林田湖草生态保护修复工程的研究［J］. 生态学报，43（9）：3517-3531.
刘世荣，庞勇，2021. 天然林生态系统保护修复研究［J］. 生态学报，41（13）：5065-5066.
刘世荣，王晖，李海奎，等，2024. 碳中和目标下中国森林碳储量、碳汇变化预估与潜力提升途径［J］. 林业科学，60（4）：157-172.
刘文平，潘影，等，2022. 中国耕地固碳增汇潜力与建议［J］. 中国农业综合开发（5）：6-10.
吕劲文，乐群，王铮，等，2010. 福建省森林生态系统碳汇潜力［J］. 生态学报，30（8）：2188-2196.
罗怀良，2014. 中国农田作物植被碳储量研究进展［J］. 生态环境学报，23（4）：692-697.
罗龙皂，李渝，蒋太明，2013. 秸秆还田固碳增汇效果研究进展［J］. 湖北农业科学，52（10）：2238-2241.
马勇洁，仲俊涛，米文宝，等，2023. 基于青海湖流域土地利用多情景模拟预测的碳储量评估及其脆弱性分析［J］. 干旱区资源与环境，37（10）：46-55.
马子钰，2023. 施肥和秸秆还田对中国农田土壤固碳影响的整合分析及 DNDC 模拟研究［D］. 北京：北京建筑大学.
马子钰，马文林，等，2023. 基于 DNDC 模型的玉米田土壤有机碳变化模拟预测［J］. 华中农业大学学报，42（4）：192-198.
孟新月，2023. 甘南州草地植被碳储量遥感估算研究［D］. 兰州：兰州大学.
潘根兴，李恋卿，张旭辉，等，2003. 中国土壤有机碳库量与农业土壤碳固定动态的若干问题［J］. 地球科学进展（4）：609-618.
潘明月，2020. 基于期权定价理论对林业碳汇项目的价值评估［D］. 哈尔滨：东北林业大学.
单永娟，张颖，2015. 我国陆地生态系统碳汇核算研究［J］. 林业经济，37（6）：102-107.
尚杰，杨滨键，2019. 种植业碳源、碳汇测算与净碳汇影响因素动态分析：山东例证［J］. 改革（6）：123-134.
施月红，2022. 中国陆地生态系统土壤有机碳储量时空格局及其驱动力研究［D］. 成都：成都理工大学.
史舸，2024. 宁夏湿地旅游区碳排放、碳汇测量与均衡：以阅海国家湿地公园和沙湖自然保护区为例［J］. 黑龙江环境通报，37（2）：11-15.
宋丽弘，唐孝辉，2012. 内蒙古草原碳汇经济发展的基础与路径［J］. 中国草地学报，34（2）：1-7.
苏军德，2018. 矿山废弃地生态修复区植被碳库研究［J］. 水土保持通报，38（5）：234-237.
苏伟斌，李峰，等，2015. 天然林固碳增汇经营技术推广应用［J］. 现代农村科技（11）：30-31.
汤洁，汪雪格，李昭阳，等，2010. 基于 CA-Markov 模型的吉林省西部土地利用景观格局变化趋势预测［J］. 吉林大学学报（地球科学版），40（2）：405-411.
王冬至，张秋，等，2011. 大青山主要林分类型碳汇效益计量研究［J］. 林业资源管理（6）：41-44.
王启栋，宋金明，李学刚，等，2014. 黄河口新生湿地沉积物放射性核素及其对沉积过程变化指示作用解析［J］. 地质论评，60（3）：635-645.
王千，2021. 河北省湿地空间分布格局及动态演变研究［J］. 国土资源情报（4）：26-30.
王志恒，刘玲莉，2021. 生态系统结构与功能：前沿与展望［J］. 植物生态学报，45（10）：1033-1035.
卫泽柱，董斌，许海锋，等，2023. 鄱阳湖地区典型湿地碳储量时空演变与情景预测［J］. 水土保持通报，43（3）：290-300.
魏文佳，桂智凡，薛滨，等，2012. 土地利用变化对陆地生态系统碳储量的影响：以太湖流域和呼伦湖流域为例［J］. 第四纪研究，32（2）：327-336.
吴乐知，2010. 土壤有机碳储量的估算研究进展［J］. 安徽农业科学，38（25）：13780-13781，13783.
武高洁，郭志华，郭菊兰，等，2013. 红树林湿地地上生物量遥感估算研究进展［J］. 南方农业学报，44（4）：693-696.
郗婷婷，李顺龙，2006. 黑龙江省森林碳汇潜力分析［J］. 林业经济问题，26（6）：519-523.
奚小环，杨忠芳，崔玉军，等，2010. 东北平原土壤有机碳分布与变化趋势研究［J］. 地学前缘，17（3）：213-221.
向爱，揣小伟，李家胜，2022. 中国沿海省份蓝碳现状与能力评估［J］. 资源科学，44（6）：1138-1154.
解宪丽，孙波，周慧珍，等，2004. 中国土壤有机碳密度和储量的估算与空间分布分析［J］. 土壤学报（1）：35-43.
徐冰，郭兆迪，朴世龙，等，2010. 2000~2050 年中国森林生物量碳库：基于生物量密度与林龄关系的预测［J］. 中国科学（生命科学），40（7）：587-594.
徐州，2024. 红树林生态系统碳储量研究：以广州市南沙区坦头村红树林为例［J］. 绿色科技，26（2）：89-92.
许向南，葛继稳，冯亮，等，2022. 神农架大九湖泥炭地碳储量估算及固碳能力研究［J］. 安全与环境工程，29（1）：242-248.
闫欣，牛振国，2019. 1990~2017 年白洋淀的时空变化特征［J］. 湿地科学，17（4）：436-444.
尤海舟，王超，毕君，2017. 河北省森林生态系统固碳释氧服务功能价值评估［J］. 西部林业科学，46（4）：121-127.
于君宝，王永丽，董洪芳，等，2013. 基于景观格局的现代黄河三角洲滨海湿地土壤有机碳储量估算［J］. 湿地科学，11（1）：1-6.
岳冬冬，吴反修，张爽，等，2020. 中国海洋捕捞渔业产值核算方法问题与对策［J］. 渔业信息与战略，35（1）：1-6.
张剑，罗贵生，王小国，等，2009. 长江上游地区农作物碳储量估算及固碳潜力分析［J］. 西南农业学报，22（2）：402-408.
张莉，郭志华，李志勇，2013. 红树林湿地碳储量及碳汇研究进展［J］. 应用生态学报，24（4）：1153-1159.
张麋鸣，颜金培，叶旺旺，等，2022. 福建省贝藻类养殖碳汇及其潜力评估［J］. 应用海洋学学报，41（1）：53-59.
张瑞杰，张红娟，元凯军，等，2024. 陕北黄土高原生态治理现状及发展趋势探究：以延安市为例［J］. 环境生态学，6（5）：93-100，107.
张钰清，陈银萍，程红元，等，2024. 科尔沁沙地土壤碳储量插值计算对比及其影响因素分析［J］. 草业科学，41（9）：1979-1990.
张悦，刘奔跃，李大硕，2024. 安徽农田生态系统碳足迹与经济增长的脱钩关系研究［J］. 湖南农业科学（7）：65-69.
赵广帅，李发东，李运生，等，2014. GIS 空间插值模拟法与土壤类型法估算比较土壤碳储［J］. 农业工程学报，30（20）：155-162，339-340.
赵蔷，2014. 保护海洋碳汇的法律制度研究［D］. 大连：大连海事大学.
赵荣钦，秦明周，2007. 中国沿海地区农田生态系统部分碳源/汇时空差异［J］. 生态与农村环境学报（2）：1-6，11.
周文昌，史玉虎，许秀环，等，2023. 湖北省湿地碳汇潜力及其碳增汇措施初探［J］. 湿地科学与管理，19（3）：29-32，37.
朱思特，李峰，靳文斌，2019. 天然林生长抚育固碳增汇计量［J］. 现代农村科技（1）：52.
邹晓明，王国兵，葛之葳，等，2022. 林业碳汇提升的主要原理和途径［J］. 南京林业大学学报（自然科学版），46（6）：167-176.
Ajtay G L, Ketner P, Duvigneaud P, 1979. Terrestrial primary production and phytomass［M］//Bolin B, Degnes E T, Kempe S, et al. The global carbon cycle. Chichester: John Wiley: 129-181.
Batjes N H, 1996. Total carbon and nitrogen in the soils of the world［J］. European Journal of Soil Science, 47（2）: 151-163.
Cambardella C A, Moorman T B, Novak J M, et al., 1994. Field-scale variability of soil pvoperties in central lowa solls［J］. Soil Science Society America Journal, 58（5）: 1501-1511.
Duan A G, Fu L H, Zhang J G, 2019. Self-thinning Rules at Chinese fir（*Cunninghamia lanceolata*）plantations: based on a permanent density trial in Southern China［J］. Journal of Resources and Ecology, 10（3）: 315-323.
Duarte C M, Marbà N, Gacia E, et al., 2010. Seagrass community metabolism: assessing the carbon sink capacity of seagrass meadows［J］. Global Biogeochemical Cycles, 24（4）: 1-8.
Eswaran H, van den Berg E, Reich P, 1993. Organic carbon in soils of the world［J］. Soil Science Society of America Journal, 57（1）: 192-194.
Jia R, Li P, Chen C, et al., 2023. Shellfish-algal systems as important components of fisheries carbon sinks: their contribution and response to climate change［J］. Environmental Research, 224（2）: 115511.
Landschützer P, Gruber N, Bakker D C, 2016. Decadal variations and trends of the global ocean carbon sink［J］. Global

Biogeochemical Cycles, 30 (10): 1396-1417.
Luo M, Yu H, Liu Q, et al., 2021. Effect of river-lake connectivity on heavy metal diffusion and source identification of heavy metals in the middle and lower reaches of the Yangtze River [J]. Journal of Hazardous Materials, 416: 125818.
Makkonen M, Huttunen S, Primmer E, et al., 2015. Policy coherence in climate change mitigation: an ecosystem service approach to forests as carbon sinks and bioenergy sources [J]. Forest Policy and Economics, 50: 153-162.
Ricke K, Drouet L, Caldeira K, et al., 2018. Country-level social cost of carbon [J]. Nature Climte Change, 8 (10): 895.
Shi T, Hu Z, Shi Z, et al., 2018. Geo-detection of factors controlling spatial patterns of heavy metals in urban topsoil using multi-source data [J]. Science of the Total Environment, 643: 451-459.
Song G H, Li L O, Pan G X, et al., 2005. Topsoil organil carbon storage of China and its loss by cultivation [J]. Biogeochemistry, 74 (1): 47-62.
Song Y, Wang J, Ge Y, et al., 2020. An optimal parameters-based geographical detector model enhances geographic characteristics of explanatory variables for spatial heterogeneity analysis: cases with different types of spatial data [J]. GISience & Remote Sensing, 57: 593-610.
Spencer T, Schuerch M, Nicholls J R, et al., 2016. Global coastal wetland change under sea-level rise and related stresses: the DIVA Wetland Change Model [J]. Global and Planetary Change, 2016: 13915-13930.
West T O, Six J, 2007. Considering the influence of sequestration duration and carbon saturation on estimates of soil carbon capacity [J]. Climatic Change, 80 (1/2): 25-41.
Xu X, Jiao F, Lin D, et al., 2023. Carbon sink trends in the karst regions of Southwest China: impacts of ecological restoration and climate change [J]. Land, 12 (10): 1.
Yang J, Huang X, et al., 2021. 30 m annual land cover and its dynamics in China from 1990 to 2019 [J]. Earth System Science Data Discussions, 13 (8): 3907-3925.
Zhang C, Shi T, Liu J, et al., 2022. Eco-engineering approaches for ocean negative carbon emission [J]. Science Bulletin, 67 (24): 2564-2573.

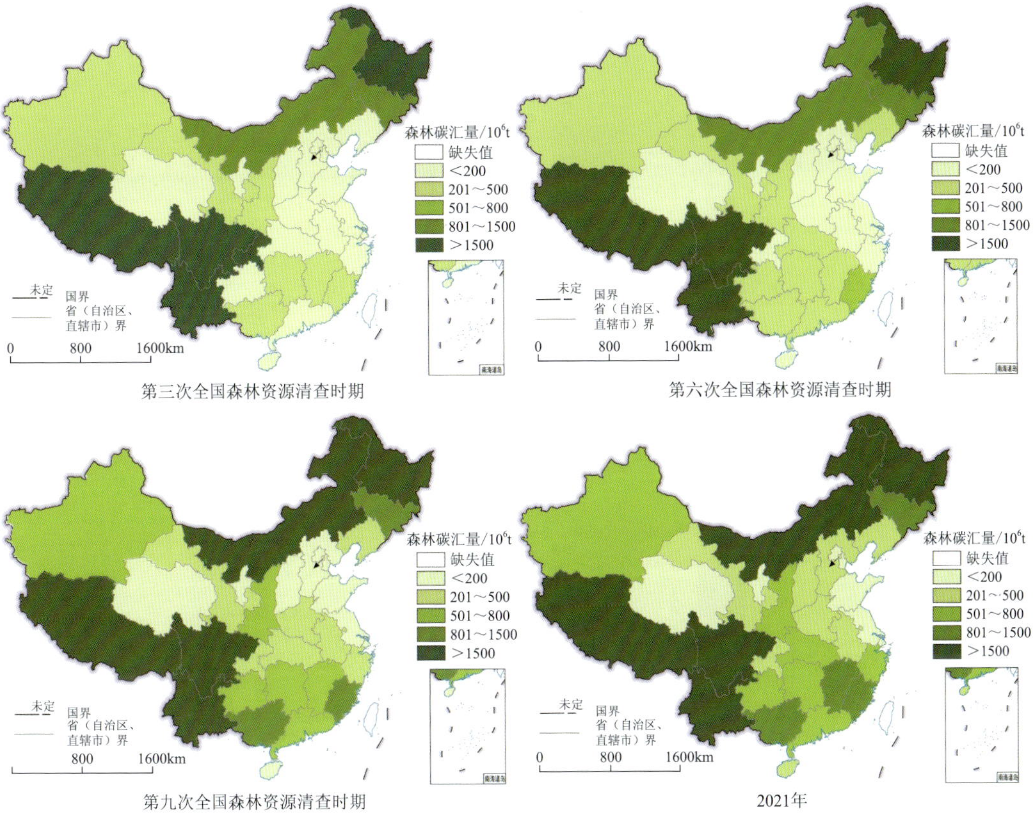

图版 1.1　全国各省（自治区、直辖市）森林碳汇量分布情况图

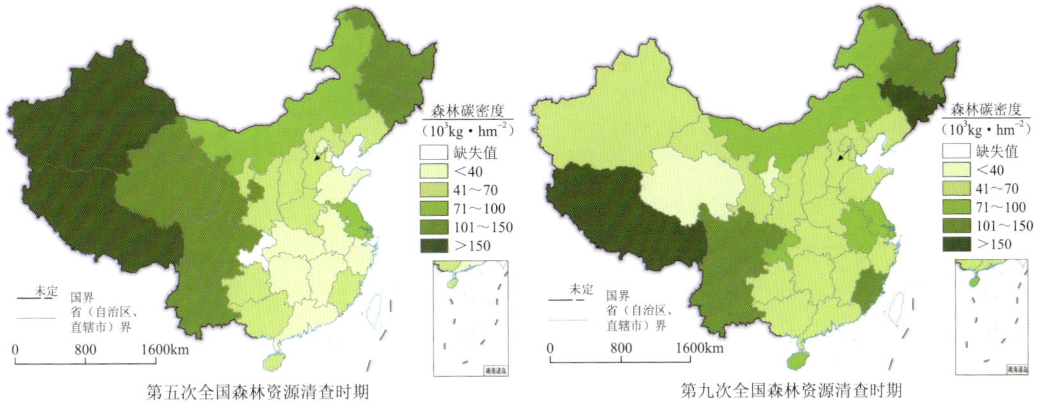

图版 1.2　全国各省（自治区、直辖市）森林碳密度分布情况图

图版 2

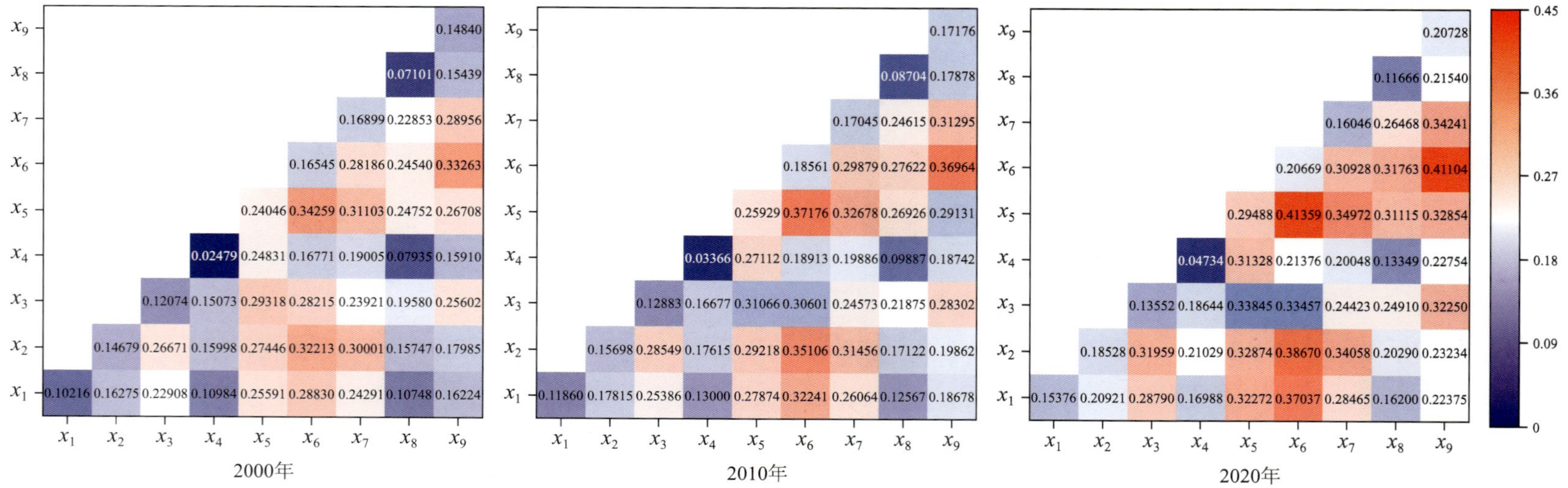

图版 2.1　河北省不同年份地理探测器交互探测结果图

x_1—人口密度；x_2—年均气温；x_3—土壤类型；x_4—夜间灯光指数；x_5—坡度；x_6—归一化植被指数；x_7—年均降水量；x_8—经济生产总值；x_9—高程

（色柱由蓝色至红色表示交互作用对碳储量的驱动力逐渐加强）

图版 3

图版 3.1　石家庄市鹿泉区响当当现代经济林示范区远眺照片

图版 3.2　石家庄市井陉县微水镇东庄村西南废弃的灰岩矿自然复绿照片

图版 4

图版 4. 1　石家庄市鹿泉区废弃矿山掌子面藤蔓植物复绿技术试验照片

图版 4. 2　石家庄市井陉县威州镇南固底村西太行山区矿山掌子面治理技术试验照片